WERNER HARTKOPF · GERHARD DUNKEN

Von der Brandenburgischen Sozietät der Wissenschaften zur Deutschen Akademie der Wissenschaften zu Berlin

GOTTFRIED WILHELM LEIBNIZ, Gründer und erster Präsident der Akademie

WERNER HARTKOPF · GERHARD DUNKEN

VON DER BRANDENBURGISCHEN SOZIETÄT DER WISSENSCHAFTEN ZUR DEUTSCHEN AKADEMIE DER WISSENSCHAFTEN ZU BERLIN

Mit 42 Abbildungen

AKADEMIE-VERLAG · BERLIN
1967

Erschienen im Akademie-Verlag GmbH, 108 Berlin, Leipziger Straße 3–4

Lizenznummer: 202 · 100/564/67

Gesamtherstellung: VEB Druckhaus „Maxim Gorki“, 74 Altenburg

Bestellnummer: 5644 · ES 1 D. 7,–

INHALT

VORBEMERKUNG

Angeregt durch vielfach geäußerte Wünsche nach einer kurzen und allgemeinverständlichen Darstellung der Geschichte der Deutschen Akademie der Wissenschaften zu Berlin, die zugleich auch einen Einblick in die Struktur der Akademie, ihre Tätigkeit und ihre Bedeutung für die Gegenwart geben sollte, und auch im Hinblick auf zwei für die Akademie bedeutende Ereignisse im Jahre 1966 — den 250. Todestag ihres Begründers und ersten Präsidenten Gottfried Wilhelm Leibniz und den 20. Jahrestag der Wiedereröffnung der Akademie — legen wir diese Arbeit vor.

Wir bemerken, daß für den Zeitabschnitt von 1700 bis zum Ende des 19. Jahrhunderts Dr. Gerhard Dunken, für den Zeitabschnitt vom Beginn des 20. Jahrhunderts bis zur Gegenwart Dipl.-Hist. Werner Hartkopf verantwortlich zeichnen.

Wir danken dem Generalsekretär der Deutschen Akademie der Wissenschaften zu Berlin, Akademiemitglied Günther Rienäcker, für die freundliche Unterstützung dieses Vorhabens und für wertvolle Hinweise.

WERNER HARTKOPF GERHARD DUNKEN

I.

GESCHICHTE DER AKADEMIE SEIT IHRER GRÜNDUNG BIS ZUR VERNICHTUNG DES HITLERFASCHISMUS UND DER LIQUIDIERUNG DES PREUSSISCHEN STAATES

(1700—1945)

Die Deutsche Akademie der Wissenschaften zu Berlin ist die unmittelbare Nachfolgerin der Kurfürstlich-Brandenburgischen Sozietät der Wissenschaften und der aus ihr hervorgegangenen Preußischen Akademie der Wissenschaften. Kurfürst FRIEDRICH III. hatte durch Stiftungsbrief vom 11. Juli 1700 die Kurfürstlich-Brandenburgische Sozietät der Wissenschaften ins Leben gerufen und zu ihrem ersten Präsidenten GOTTFRIED WILHELM LEIBNIZ (1. 7. 1646 bis 14. 11. 1716) ernannt. Dieser große deutsche Gelehrte, von dem DIDEROT sagte: „Dieser Mann hat allein Deutschland soviel Ruhm gebracht wie PLATO, ARISTOTELES und ARCHIMEDES zusammen Griechenland", war ein enzyklopädischer Kenner und Forscher in der Philosophie, Theologie, Mathematik, den Naturwissenschaften, der Technik, Historie, Staatswissenschaft, Jurisprudenz und hat auf allen diesen Gebieten schöpferisch gearbeitet. Eines seiner höchsten Ziele war die Schaffung einer Akademie nach dem Vorbild der Académie française von 1635 und der 1662 gegründeten Royal Society in England. Jedoch erstrebte LEIBNIZ nicht nur eine einzelne Anstalt in einem Lande und mit beschränkter Aufgabe, sondern er zielte auf den Zusammenschluß aller Kräfte, die in der Wissenschaft überhaupt wirksam sind, zu gemeinsamer Arbeit auf übernationaler Grundlage. In allen Staaten sollten Akademien der Wissenschaften gegründet werden, um in engster Verbindung miteinander zu stehen und nach gemeinsamen Plänen zu arbeiten. Diese seine Idee einer internationalen Zusammenarbeit der Wissenschaftler zu friedlichen Zwecken blieb eine geniale Vorwegnahme künftiger Entwicklungen. Die ersten Entwürfe LEIBNIZ' zur Bildung von Sozietäten mit dem Ziel der Zusammenfassung der geistigen Kräfte zum Nutzen des menschlichen Fortschritts stammen aus dem Jahre 1667. LEIBNIZ war zu dieser Zeit 21 Jahre alt. Allein die Durchführung seiner Pläne war aber selbst in seiner Heimat, dem damals in kleine und kleinste Gebiete zerrissenen Deutschland, nicht möglich, da vor allem der erstarkende territorial-staatliche Absolutismus Brandenburgs und Preußens im Interesse der Stärkung seiner Hausmacht die Heranbildung einer wirklichen Zentralgewalt verhinderte, die Entwicklung der bürgerlich-kapitalistischen Kräfte hemmte und die Herausbildung der deutschen Nation gefährdete. So mußte LEIBNIZ' Plan der Gründung einer Sozietät in Deutschland scheitern. Wie schon in seiner Denkschrift aus dem Jahre 1676 „Plan zur Förderung der fürs Leben brauchbaren Naturwissenschaft und zur Gründung einer deutschen Sozietät, welche Wissenschaften und Künste in unserer Sprache beschriebe und die Ehre des Vaterlands gegenüber dem Ausland rettete", so betonte er auch bei der Gründung der Sozietät neben der wissenschaftlichen ebenso die nationale Seite der neuen Organisation mit dem Worte, daß die Sozietät „eine teutsch gesinnte seyn soll, so die Ehre der teutschen Nation und Sprache sich angelegen seyn" lassen wird. LEIBNIZ wünschte zunächst auch eine „kaiserliche

Sozietät“ als wissenschaftliche Gesellschaft für das gesamte Deutschland, aber dieser Plan war am Hofe zu Wien bei der damaligen gesellschaftlichen Situation zum Scheitern verurteilt. LEIBNIZ' große fruchtbare Idee konnte nur in einem deutschen Einzelstaate als Notlösung durch die Gründung einer Sozietät in Brandenburg verwirklicht werden, in der sich die Mitglieder aber nicht als Brandenburger oder später Preußen, sondern als Deutsche fühlen sollten. Wenn die Akademie daher heute als Deutsche Akademie der Wissenschaften zu Berlin wirkt, so weist allein schon ihr Name auf die Erfüllung der Pläne ihres Gründers GOTTFRIED WILHELM LEIBNIZ.

Die LEIBNIZsche Sozietät sah ihre Aufgabe für den Fortschritt der Wissenschaften nicht nur in der Förderung aller grundlegenden und angewandten Wissenschaften, sondern vor allem auch in der Vereinigung der Theorie mit der Praxis. Beide sollten verbunden werden, um „nicht allein die Künste und die Wissenschaften, sondern auch Land und Leute, Feldbau, Manufacturen und Commercien und, mit einem Wort, die Nahrungsmittel zu verbessern“. Alle Fachleute — „Leute, so diese Wissenschaft verstehen“ — sollten in dieser Sozietät vertreten sein und alle Forschungsergebnisse daselbst niedergelegt werden, um wiederum für die Praxis benutzt werden zu können. Auch die Verbindung mit den Gelehrten des Auslandes sollte ermöglicht werden, denn: „Es soll auch der Societaet unbenommen seyn, Ausländer, auch Persohnen von anderer Religion nach Befinden der anständigen Beschaffenheiten und Umbstände herbeyzuziehen und zu Mitgliedern aufzunehmen.“ Im Vordergrund standen in der Sozietät die Mathematik und die naturwissenschaftlichen Disziplinen wie Physik, Chemie und Astronomie, was auch in der ersten Klasseneinteilung seinen Ausdruck fand. Nach der Generalinstruktion vom Gründungstage, die das „Corpus der Sozietät“ nach dem Vorbild der „Königl. Englischen Societät“ festlegte, bestanden zunächst drei Abteilungen, und zwar die Physikalisch-Mathematische Abteilung, die Abteilung für deutsche Sprache und die Abteilung Res Litterariae. Die deutsche Abteilung sollte die deutsche Sprache pflegen und von unnützen Fremdwörtern säubern. Ihre erste Aufgabe war die Herausgabe eines vollständigen deutschen Wörterbuches nach dem Muster des Dictionnaire der französischen Akademie. Ferner sollte sie die Denkmäler des deutschen Altertums, die Rechte und Gewohnheiten der Vorfahren sammeln und erläutern. Die historisch-literarische Abteilung sollte vor allem die Geschichte der deutschen Nation und des brandenburgischen Staates aufzeichnen. Viele seiner Gedanken und Unternehmen legen so zugleich Zeugnis von dem Patriotismus ab, der LEIBNIZ beseelte.

Hinter seinen Entwürfen und Plänen zur Schaffung der Akademie stehen zahlreiche Beratungen, Konsultationen, viele Reisen und persönliche materielle Opfer. Gegen seine Pläne stehen Gegner, Mißgönner und Ignoranten, Intriganten am Hofe und vor allem die reaktionären gesellschaftlichen Verhältnisse im brandenburgischen Staate selbst. Mit Recht schrieb ADOLF VON HARNACK: „Selten ist in der Geschichte eine große wissenschaftliche Schöpfung auf Grund eines so umfassenden und gereiften Planes in das Leben getreten, wie die Preußische Akademie der Wissenschaften. Selten aber auch entsprachen die vorhandenen Bedingungen und die zunächst gewährten Mittel so wenig der Größe des Planes.“

Kurfürst FRIEDRICH III., der sich am 18. 1. 1701 die preußische Königskrone auf das Haupt setzte, hatte bei der Gründung der Sozietät vor allem im Auge, damit seiner Königswürde mehr Glanz zu verleihen. Er versprach der Akademie zwar eine Fülle „kurfürstlicher Gnaden“, Zuwendungen, Privilegien, Geschenke, Konzessionen, er versprach ein Laboratorium und Museum, eine Bibliothek und eine Raritätenkammer, er versprach Belohnungen und Beförderungen besonders verdienter Mitglieder, er versprach Medaillen für hervorragende Leistungen — er versprach alles — für eine unbestimmte Zukunft.

Er wollte mit und durch die Akademie glänzen. Eine wirkliche Förderung hat sie jedoch durch ihn nicht erfahren. Mehr noch: Die Sozietät mußte sich ohne staatliche Zuschüsse selbst erhalten, zu einer Zeit, da die eigenen finanziellen Mittel mehr als gering waren. LEIBNIZ selbst setzte in den ersten 4 Jahren aus eigener Tasche 2000 Taler zu. Nur aus dem am 17. Mai 1700 genehmigten Kalendermonopol als ausschließlichem Recht auf Herstellung und Vertrieb von Kalendern erzielte die Sozietät Einnahmen, die sich im ersten Jahr ihres Bestehens auf 6500 Taler beliefen.

Von allen Versprechungen des Kurfürsten wurde eine relativ schnell erfüllt. Es war die Schaffung einer Medaille mit dem Bildnis des Kurfürsten und dem Siegel der Sozietät — zur Erinnerung an die Gründung der Akademie.

In einem eigenhändigen Konzept vom Juli 1700, das die Einrichtung der Kurfürstlich-Brandenburgischen Sozietät der Wissenschaften betrifft, befaßte sich LEIBNIZ auch unter Nummer 63 mit der Form des Siegels und empfahl eine größere und eine kleinere Ausfertigung. Die größere Form des Siegels sollte die vollständige Devise über den aufsteigenden Adler „Cognata ad sidera tendit“ (d. h. Er, der Adler strebt zu den verwandten Sternen) und die Umschrift „Brandenburgische Sozietät der Wissenschaften“ tragen, während die kleinere Form nur die Devise führen und bei gewöhnlichen Briefen gebraucht werden sollte.

Dieser Vorschlag von LEIBNIZ wurde für die Sozietät maßgebend, und in ihrer Generalinstruktion vom 11. Juli 1700 hieß es: „Das Zeichen, so die Societaet zum Calenderwesen zu gebrauchen haben wird, kann dieselbe nach Befinden und, wie sie es am besten und anständigsten findet, wehlen; das Siegel aber hat sie vorzuschlagen, welches hernach von dem Praeside oder in dessen Abwesenheit von dem, so dessen Vices verwaltet, zu verwahren und die Ausfertigung von ihm zu unterschreiben seyn werden.“ Eine bildliche Darstellung des Sternbildes des Adlers erscheint zum ersten Male auf der Medaille, die zum Andenken an die Kurfürstliche Stiftung der Sozietät geschlagen wurde (Abb. 1). [In der Beschreibung dieser Erinnerungsmedaille sagte LEIBNIZ, „daß man sich bei der bildlichen Wiedergabe des Emblems auf der Medaille als Siegel der Sozietät für den brandenburgischen Adler entschied, der seinen Flug zu dem nach ihm benannten Sternbild lenkt, das durch Sterne wiedergegeben wird, in denen man das Sternbild des Adlers erkennen kann.“ Auf einem Merkzettel von LEIBNIZ' Hand steht die Empfehlung, daß man die Sterne so setzen solle, daß „sie für den Sternkundigen eingermaßen das Sternbild des Adlers vorstellen“. Auch die zur Oktobermesse 1711 im Druck erschienene „Kurtze Erzehlung von der Stift- und Einsetzung der Königlichen Preußischen Societaet der Wissenschaften“ spricht davon, daß es sich bei dem Sternbild auf dem Siegel der Akademie um das Sternbild des Adlers handelt, heißt es doch dort: „... auf der hinderen das Sinnbild der Gesellschaft, so zugleich ihr zum Siegel verordnet; ein gegen das Sternbild des himmlischen Adlers sich aufschwingender Adler mit dem Spruch Cognata ad sidera tendit...“ So waren in der alten Sozietät bereits am Anfang ihres Wirkens neben der Umschrift sowohl Bild (corps de devise) als auch Spruch (âme de devise) ihres Siegels festgelegt worden.]

In späterer Zeit wurden dann, sicherlich vom Stadtbild Berlin her beeinflußt, aus den ursprünglich fünf Sternen, die Leibniz für das Siegel festlegte und die noch auf der Erinnerungsmedaille von 1700 zu sehen sind, sieben für das Sternbild des Großen Bären charakteristische Sterne. Als die Akademie am 1. Juli 1946 als „Deutsche Akademie der Wissenschaften zu Berlin" wiedereröffnet wurde, pflanzte sich diese Auffassung fort, da in dem traditionellen Siegel nur die Umschrift „Academie Scientiarum Germanica Berolinensis" (d.h. Deutsche Akademie der Wissenschaften zu Berlin) geändert wurde, die Devise und der zum falschen Siebengestirn aufsteigende Adler jedoch beibehalten blieben. In dieser Form ist das Traditionssiegel noch heute für die Diplome der Akademiemitglieder und Professoren in Gebrauch (Abb. 2).

Abb. 1. Medaille mit dem Siegel der Sozietät zur Erinnerung an die Gründung der Sozietät vom 11. Juli 1700

Bis zur wirklichen Eröffnung der Akademie liegen etwa 10 Jahre. Durch königliches Statut vom 3. Juni 1710 wurde die Sozietät in vier Departements (Klassen) geteilt: „1. Physica incl. Medicin, Chemie usw.; 2. Mathematica incl. Astronomie und Mechanik; 3. Ausarbeitung der deutschen Sprache und 4. Litteratur, insonderheit orientalis." Jede Klasse wählte einen Direktor, dessen Amt lebenslänglich war. Diese vier Direktoren wechselten jährlich im Amt des Vizepräsidenten, der bei der damals regelmäßigen Abwesenheit des in Hannover wohnenden Präsidenten Leibniz die Geschäfte leitete. Die Direktoren bildeten zusammen mit dem Präsidenten, dem Advocatus Fisci (Syndikus) und dem Sekretar das Concilium. Sehr zur Enttäuschung des Präsidenten Leibniz wurde ihm in diesem Statut in der Person des Wirklichen Geheimen Rats Minister Marquard Ludwig von Printzen ein „präses honorarius" vorgesetzt, der die Verbindung zur Krone herstellte und die staatliche Bevormundung verkörperte. Für die Folge ließen das Unverständnis des Regenten und die finanziellen Schwierigkeiten die Akademie nicht zur Produktivität kommen. Der preußische Königshof verschlang Riesensummen für Kriege und für Feste. Für die Finanzierung der Wissenschaften hatte er nicht viel übrig. Wegen chronischen Geldmangels gab es kein einziges wissenschaftliches Unternehmen der Akademie. Nur mit einer einzigen Arbeit konnte sie sich in der wissenschaftlichen Welt würdig einführen; am 14. Juli 1710 überreichte das Concilium die Miscellanea Berolinensia, Band I, mit 60 Abhandlungen, von denen 17 von LEIBNIZ selbst stammten (Abb. 3). Der stattliche Quartband wurde günstig aufgenommen und zeigte der Welt, daß die Wissenschaft in der Akademie immerhin eine Heimstätte gefunden hatte. LEIBNIZ versuchte auch die Aktivität der Sozietät zu erhöhen und gab in einer Denkschrift vom Dezember 1710 zu bedenken, „... ob nicht denen, so etwas besonders leisten, ein Preis zu verwilligen“ sei. Diese LEIBNIZsche Anregung fand aber erst in den Statuten vom 24. Januar 1744 ihren Niederschlag, in dem ein Preis gestiftet wurde, der zum ersten Mal im Jahre 1745 für die Arbeit „Sur l'Electricité“ an den Finanzrat WAITZ in Kassel erteilt wurde. Fast in jedem Jahre schrieb die Akademie Aufgaben aus und prämiierte die beste Arbeit. Die Anregung und Begutachtung dieser Preisaufgaben hat in der damaligen Zeit das wissenschaftliche Leben der Akademie stark gefördet. Sie bildete ein wichtiges Kriterium für die wissenschaftliche Bedeutung der Akademie und für den Widerhall, den sie in der Öffentlichkeit gefunden hatte. Die Preisfragen wurden den auswärtigen Mitgliedern und den gelehrten Zeitschriften mitgeteilt und auch in Zeitungen wurden sie bekanntgemacht. So richteten sie sich an die gelehrte Welt und standen verschiedentlich im Mittelpunkt des wissenschaftlichen Interesses. Jeder Gelehrte und wissenschaftlich Interessierte war berechtigt, zur Feder zu greifen, und so standen neben den großen Universal-Gelehrten, wie EULER, MAUPERTUIS, MARGGRAF und anderen auch viele Unbekannte. Nur die Namen der Verfasser der gekrönten Arbeiten wurden verzeichnet, während die Beiträge der vielen Ungenannten noch heute im Akademiearchiv ruhen. Neben diesem offiziellen Preis, dem Prix ordinaire, standen noch Preise, die Prix extraordinaires, die aus besonderen Stiftungen von Einzelpersönlichkeiten stammten, wie z. B. der EULER-Preis, der COTHENIUS-Preis und der MILOSZEWSKI-Preis.

Abb. 2. Traditionssiegel der Deutschen Akademie der Wissenschaften zu Berlin

Die feudale Gesellschaftsordnung im allgemeinen, die preußischen Zustände aber im besonderen blieben ein unüberwindbares Hindernis zur Verwirklichung der LEIBNIZschen Pläne in dieser Epoche. Enttäuscht von menschlicher Undankbarkeit, mit der man ihm in den letzten Jahren seines Lebens in Berlin begegnete, und zermürbt von höfischen Intrigen starb LEIBNIZ am 14. November 1716 in tiefster Vereinsamung. Niemand hielt ihm in Berlin eine Gedächtnisrede, und nur in Paris gedachte in der dortigen Akademie FONTENELLE in einer würdigen Rede des großen Toten. Seine Schöpfung, die Berliner Sozietät, war in diesem Jahre dem Untergang nahe. LEIBNIZ hat aber selbst nie daran gedacht, ihr die Auflösung anzuraten, sondern er war der festen Gewißheit, die richtige Form geschaffen zu haben, und hoffte auf andere Zeiten und tüchtigere Männer.

MISCELLANEA
BEROLINENSIA
AD
INCREMENTUM SCIENTIA-
RUM,
EX SCRIPTIS
SOCIETATI REGIÆ
SCIENTIARUM
EXHIBITIS
EDITA,
CVM FIGVRIS AENEIS ET INDICE
MATERIARUM.

BEROLINI,
Sumptibus
JOHAN. CHRIST. PAPENII,
Bibliopolæ Regii & Societatis Privilegiati,
A. MDCCX.

Abb. 3. Titelseite der Miscellanea Berolinensia vom Jahre 1710

Die folgenden Jahrzehnte, die zugleich die Periode der Herrschaft eines der reaktionärsten und ungebildetsten der preußischen Könige, FRIEDRICH WILHELMS I., des sogenannten „Soldatenkönigs" waren, komplizierte die ohnehin schwierige Lage der Akademie noch mehr. Es fehlte an Gelehrten, die die Konzeption von LEIBNIZ hätten in die Tat umsetzen können; es fehlte, wie schon vorher, an Geld; es fehlte vor allem an Verständnis und an der Unterstützung des preußischen Staates. Wenn LEIBNIZ verlangt hatte, „man müste gleich Anfangs das Werck samt der Wissenschaft auf den Nuzen richten", und er alles auf das Praktische, für den Staat und das Volk Nützliche ausgerichtet wissen wollte, so war ein Verständnis für diese Zielsetzung von dem preußischen König FRIEDRICH WILHELM I. (1740†) und seinen Interessen nicht zu erwarten. Dieser König beurteilte den gesamten Betrieb der Wissenschaften als leeren Formelkram und eitles Wortgepränge, das ihm nicht mehr wert war als prunkendes Hofzeremoniell. Ein König, der von LEIBNIZ sagte: „Der Kerl ist zu nichts brauchbar, nicht einmal zum Schildwachestehen", konnte nicht das wahre Verständnis für das Wesen und die Bedeutung einer Akademie haben. Wie auf allen Gebieten des Lebens reglementierte und bevormundete der preußische Junker- und Militärstaat auch die Wissenschaft und billigte ihr nur insoweit Bewegungsfreiheit zu, wie es dem Interesse des Staates dienlich war, das allein darin bestand, alle Möglichkeiten für einen übersteigerten militärischen Despotismus auszunutzen. Im Rahmen einer solchen Politik war der preußische Staat nicht gewillt, die eine fortschrittliche Entwicklung hemmenden Momente aus dem Wege zu räumen, und das Bürgertum selbst war zu schwach und ohne genügenden Mut, um seinen Interessen Geltung zu verschaffen. Unter diesen Umständen konnte auch die Wissenschaft nur auf den Gebieten eine Förderung erwarten, die dem König unmittelbaren fiskalischen Nutzen versprach. Der König war allenfalls geneigt, Chemie und Medizin zu respektieren, vor allem weil sie ihm in ihren Ergebnissen für seine Armee erforderlich erschienen. Diese beiden Disziplinen waren auch damals wirklich die einzigen, in denen in Berlin etwas Hervorragendes geleistet wurde und die durch bedeutende Mitglieder, wie KASPAR NEUMANN und JOHANN HEINRICH POTT, repräsentiert wurden. Der König war überzeugt, daß die Sozietät als Ganzes in seinem Sinne nichts zu leisten vermochte, und sie schien ihm die unnützeste Einrichtung der Welt zu sein. Mehrere Jahre bestätigte er ihre Rechte nicht, griff willkürlich in ihren Etat ein und zwang sie 1714, seine Medizinisch-chirurgische Sozietät mit jährlich 1000 Talern zu unterstützen. Eine Verhöhnung der Sozietät war es, als er 1718 seinen Oberzeremonienmeister und Geheimen Rat JACOB PAUL GUNDLING zum Präsidenten ernannte und es ihr auferlegte, die königlichen Hofnarren zu bezahlen. Er verblieb in dieser Einschätzung der Sozietät, als er 1731 den wissenschaftlich völlig unbedeutenden Historicus und kgl. Spaßmacher DAVID FASSMANN zum Nachfolger GUNDLINGS bestimmte und ein Jahr später dem kgl. Spaßmacher OTTO GRABEN ZUM STEIN das Amt des Vizepräsidenten übertrug. So geriet LEIBNIZ' stolzes Werk in Verfall, dem auch der seit 1733 wirkende zweite Präsident, der Hofprediger DANIEL ERNST JABLONSKI, nicht zu steuern vermochte (Abb. 4). Es bestand die Gefahr, daß die Sozietät vom Gang der Entwicklung überholt wurde. Ihr wissenschaftliches Ansehen konnte nur wiederhergestellt werden, wenn sie aktiven Anteil an den gerade damals sich abzeichnenden Fortschritten der Philosophie und der Naturwissenschaften nahm, wie sie in der Begründung und im Ausbau der NEWTONschen Mechanik in einem für die gesamte weitere Entwicklung der Naturwissenschaften bedeutungsvollen

Umfange oder, wenn auch in ungleich begrenzterem Maße, in der Wolffschen Philosophie ihren Ausdruck fanden. Unter den gegebenen Bedingungen aber war sie zu größeren Leistungen nicht fähig, und lediglich unter ihren auswärtigen Mitgliedern befanden sich einige hervorragende Gelehrte, wie die Mathematiker Jakob (I.) und Johann (I.) Bernoulli, der Theologe August Hermann Francke,

Abb. 4. Daniel Ernst Jablonski,
Präsident von 1733—1741 (26. 11. 1660—25. 5. 1741)

der Mathematiker und Astronom Ole Römer, der Philosoph Christian von Wolff, der Dichter Johann Christoph Gottsched, der Astronom Anders Celsius, der Geometer Abraham de Moivre, der Mathematiker und Philosoph Pierre-Louis Moreau de Maupertuis sowie der Physiker René-Antoine Ferchault de Réaumur.

In der Zeit von 1713—1740 erschienen als einziges Zeugnis des Wirkens der Akademie lediglich 5 Bände Miscellana.

Im Jahre 1740 trat mit dem Regierungsbeginn FRIEDRICH II. an die Stelle des militärischen Despotismus FRIEDRICH WILHELMS I. der aufgeklärte Despotismus FRIEDRICHS II., die höchste Form des modernen Absolutismus. Die wichtigste Veränderung im Regierungssystem zeichnete sich dadurch ab, daß sich die fürstliche Machtvollkommenheit noch steigerte. FRIEDRICH II. verachtete nicht — wie dies sein Vater getan hatte — die Wissenschaft, sondern wußte die Wirksamkeit der Wissenschaft zu schätzen und wollte sich ihrer für seine Zwecke bedienen. So, wie in anderen absolutistischen Staaten die Gelehrten dem Glanz der Krone dienen sollten, war auch FRIEDRICH II. bestrebt, die hervorragendsten Gelehrten nach Berlin zu berufen. Sie sollten hier eine Gelehrtenrepublik mit gleicher Aufgabe gründen und durch ihren Freisinn die Aufgeklärtheit des Königs unterstreichen. Abgesehen davon, daß FRIEDRICH II. verschiedentlich Namen und Ruf ausländischer Gelehrter, die er nach Berlin rief, überschätzte, versagten sich ihm auch viele Gelehrte. Im Jahre 1741 kamen der hervorragende Mathematiker LEONHARD EULER und später auch MOREAU DE MAUPERTUIS nach Berlin. FRIEDRICH II. beseitigte zwar einige der reaktionärsten Bestimmungen, die sein Vater bezüglich der Akademie erlassen hatte. So verfügte er die Streichung der Bestimmung, daß die Akademie die Ausgaben für die königlichen Narren zu tragen habe. Andererseits blieb die Haupteinnahmequelle nach wie vor der Vertrieb der Kalender. Während der Regierungszeit dieses Königs erhielt sie zusätzliche Auflagen zu Gunsten der Militärärzte. Die Herrschaft FRIEDRICHS II. war ihrem Wesen nach aggressiv und unterschied sich in dieser Hinsicht nicht wesentlich von seinen Vorgängern. Nach außen war die Periode der Herrschaft FRIEDRICHS II. eine Zeit der Eroberungskriege mit dem Ziel der Festigung der Macht Preußens in und gegen Deutschland. Nach innen war sie eine Politik der Festigung der Vorrechte der Junker, die den Stamm einer überheblichen, arbeitsscheuen und bildungsfeindlichen Militärkaste bildeten. Die Erträge aus der Wirtschaft wurden für die Armee, für die $^{4}/_{5}$ der Einnahmen des Staates verbraucht wurden, für die Beamten-Bürokratie und für den Luxus am Hofe benötigt. FRIEDRICH II. machte wie seine Vorgänger Preußen zum Musterland des Korporalstockes und des Kasernenhofes. Das aber schloß das Fernhalten des Volkes von jeder Bildung ein. So wurde es bald klar, daß unter diesen Bedingungen an eine wesentliche materielle Förderung der Akademie auch weiterhin nicht zu denken war und daß auch dem geistigen Leben in der Akademie enge Grenzen gesetzt waren.

Da die alte Sozietät unter FRIEDRICH WILHELM I. in einen außerordentlich schlechten Ruf gekommen war, wurde nach dem Muster der Pariser Clubs auch in Berlin auf Initiative des Grafen SAMUEL VON SCHMETTAU eine wissenschaftlich-literarische Gesellschaft gegründet, die „Nouvelle Société Litteraire", welche später den Charakter einer Akademie annehmen sollte. Sie wurde 1744 von FRIEDRICH II. mit der alten Sozietät verschmolzen, und der König legte den „vereinigten Sozietäten" die Bezeichnung „Académie Royale des Sciences et Belles Lettres" zu. Die leitenden Männer der „Société Litteraire" benutzten diese Umbildung der Akademie dazu, die Vertreter des Bürgertums herauszudrängen und die neue Akademie zu einer höfischen Einrichtung zu machen, durch die vor allem französische literarisch-philosophische Bildung verbreitet werden sollte. In ihr begann man, nach den Worten ADOLF VON HARNACKS, „allgemein das zweckmäßige Mittel zu sehen, um dem Talent das Studium der Natur und die Ausbildung zur Humanität zu ermöglichen und um in Preußens Hauptstadt eine

Elite von hohen Geistern zu sammeln, deren Licht die Welt erleuchten und entzücken sollte." FRIEDRICH II. ließ zwar, um dem reaktionären preußischen Staat den Schein einer gewissen geistigen Freiheit zu wahren, in der Akademie Atheisten, orthodoxe Protestanten und Jesuiten nebeneinander arbeiten. Solange der Einfluß der radikalen Aufklärer gering war, zog er sie nach Berlin. Sobald sie jedoch an Ansehen gewannen, trennte er sich von ihnen. Die Freiheit der Akademie beschränkte sich darauf, philosophieren zu können. Soweit sie nur den Feudalabsolutismus des Monarchen unterstützte, konnte sie auf seine Förderung rechnen. Wo sich aber ihre Absichten von denen des absoluten Herrschers unterschieden, hörte jede Förderung auf. Zwischen der höfischen Spielart der Aufklärung, wie sie der König in der Theorie vertrat, und seiner Praxis, die aus Preußen eines der sklavischsten Länder Europas machte, bestand ein grundlegender Widerspruch, und dieser Widerspruch bestimmte auch seine Haltung zur Akademie.

Während LEIBNIZ die Philosophie in allen Klassen verwirklicht sehen wollte, wurde jetzt im umgearbeiteten Statut von 1746 in einer neuen Klasseneinteilung neben der Mathematik, Physik und Philologie eine eigene Klasse für Philosophie geschaffen, die am Ende der Regierungszeit FRIEDRICHS II. nahezu verödet war, gerade zu einer Zeit, als KANT und HERDER philosophische Erkenntnisse von großer Tragweite gewannen und das deutsche Bürgertum einen großartigen geistigen Aufschwung nahm. Auch LEIBNIZ' Anliegen, deutsche Sprache und deutsche Geschichte zu pflegen, wurde nicht gefördert: Von 1745 an erschienen sämtliche Publikationen der Akademie auf Anordnung des Königs in französischer Sprache — zum Beispiel die Nouveaux Mémoires de L'Académie Royale des Sciences et Belles Lettres —, und auch in den Sitzungen wurde nur französisch gesprochen (Abb. 5). Trotzdem aber trug die Akademie in der Gesamtheit ihrer Mitglieder kein französisches Gepräge. Die französische Aufklärung regierte zwar in Sanssouci, sie war in der Akademie aber nur durch Verbindungsmänner des Königs, wie etwa den MARQUIS D'ARGENS, vertreten. Die Majorität der Mitglieder bestand aus Uremigranten, die nunmehr schon in der dritten Generation dem Könige von Preußen dienten. LEIBNIZ und WOLFF und nicht DESCARTES und NEWTON hießen ihre Götter. Ihrem Bildungsgang nach, wenn auch nicht ihrer Sprache nach, sind sie der deutschen und nicht der französischen Aufklärung zuzurechnen. Dies zeigte sich auch, als der König durch Kabinettsordre eine Preisfrage für das Jahr 1780 mit dem Titel „Ob es nützlich sein kann, das Volk zu hintergehen?" (Est-il utile de tromper le peuple?) anordnete, um damit seinen andersdenkenden Akademiemitgliedern die französische Aufklärung aufzuzwingen, was ihm aber nicht gelang. — Die Akademie wählte den Ausweg, die beste bejahende und die beste verneinende Antwort je mit einem Preis auszuzeichnen.

Auch in der neuen Schöpfung wurde der praktische Zweck der Wissenschaft, den LEIBNIZ so eng mit der Theorie verbunden wissen wollte, nicht verwirklicht. FRIEDRICH II. wachte aufmerksam darüber, daß die Aufgaben der Akademie sich nicht mit denen der Staatsverwaltung vermischten. Zugleich sorgte er für staatlichen Einfluß und ein Abhängigkeitsverhältnis vom absoluten Herrscher durch strukturelle Veränderungen in der Leitung der Akademie, und er griff auch selbständig vor allem bei Berufungen ein. Neben die vier Direktoren traten nach 1746 noch vier Kuratoren aus dem Kreis der Minister oder höheren Staatsbeamten, die mit ihnen zusammen das Direktorium, das alte Concilium, bildeten. Die Mitglieder der Akademie teilten sich in membres ordinaires, honoraires und étrangers.

NOUVEAUX MÉMOIRES

DE

L'ACADÉMIE ROYALE

DES SCIENCES ET BELLES-LETTRES.

ANNÉE MDCCLXX.

AVEC L'HISTOIRE POUR LA MÊME ANNÉE.

COGNATA AD SIDERA TENDIT

A BERLIN,

CHEZ CHRÉTIEN FRÉDERIC VOSS.

MDCCLXXII.

Abb. 5. Titelseite der Nouveaux Mémoires de l'Académie Royale aus dem Jahre 1772

Seit 1746 versah MOREAU DE MAUPERTUIS, auf Grund des neuen Statuts der Akademie FRIEDRICHS II. mit autokratischen Vollmachten ausgestattet, das Amt des Präsidenten (Abb. 6). Dreizehn Jahre später, nach seinem Tode, übernahm der König selbst dieses Amt. Zwar übte LEONARD EULER, der verschiedentlich von FRIEDRICH II. verspottet, 1766 seinen Weg nach Petersburg an die Russische Akademie der Wissenschaften nahm, noch einige Jahre die Geschäfte des Präsidenten aus (Abb. 7). Aber der König war in ein näheres Verhältnis zu D'ALEMBERT getreten, als die Präsidentenstelle vakant war. D'ALEMBERT schlug jedoch die Berufung aus: seine Pariser Stellung mußte ihm im Sinne der Aufklärung für wichtiger gelten. Indessen wollte er dem König mit seinen reichen Erfahrungen dienen. Von Paris aus leitete er die Berliner Akademie, nicht als öffentlicher, wohl aber als „heimlicher" Präsident, ein Akademie-Präsident „inpartibus". So blieb MOREAU DE MAUPERTUIS der letzte Präsident der Akademie, da nunmehr die Könige von Preußen bis zum Zusammenbruch ihrer Herrschaft als Protektoren an der Spitze der Akademie standen.

Abb. 6. PIERRE-LOUIS MOREAU DE MAUPERTUIS, Präsident von 1746—1759 (17. 7. 1698—27. 7. 1759)

Daß die damalige wissenschaftliche Welt über eine große Anzahl hervorragender Gelehrter auf allen Gebieten verfügte, war vor allem der Aufklärungsbewegung zu danken, unter deren Einfluß das Denken sich auf das Diesseitig-Weltliche richtete. Die Aufklärung, Ausdruck für den ideologischen Befreiungskampf des europäischen Bürgertums, ging von den fortgeschrittensten Ländern Europas aus und erreichte in der Mitte des 18. Jahrhunderts ihre Blütezeit. Den Bedürfnissen des aufsteigenden Bügertums entsprechend blühten auch die Einzelwissenschaften auf. Hatten die Naturwissenschaften bereits im 17. Jahrundert einen Aufschwung genommen, so vergrößerte sich dieser noch im 18. Jahrhundert. Die weitere Entwicklung der Produktivkräfte erforderte die Fortentwicklung der Technik und damit auch Fortschritte in den exakten Naturwissenschaften und der Mathematik, die zugleich die Grundlage für die Weiterentwicklung der naturwissenschaftlichen Forschung im 19. Jahrhundert bildeten. Von den Gesellschaftswissenschaften waren es neben der Philosophie besonders Rechts- und Erziehungswissenschaften, die von den Ideen der Aufklärung vielfach angeregt und befruchtet wurden. Die Geschichtsschreibung löste sich aus ihrem bisherigen Abhängigkeitsverhältnis vom Staatsrecht, als deren Nebenwissenschaft sie bisher gegolten hatte.

Aus diesem Aufstieg der Wissenschaften im 18. Jahrhundert zog auch die Akademie ihren Nutzen. Da ihr hervorragende Gelehrte beitraten, wuchs ihr Ansehen bedeutend, und sie stand bald gleichrangig neben den Akademien in London und Paris. Ihre Veröffentlichungen fanden den Weg in alle Länder Europas. Neben den Sitzungsberichten der Akademie wurden auch zahlreiche Gutachten über die verschiedensten Fragen, etwa über die Einführung einer Universalsprache, erstattet. Hinzu kamen die jährlich gestellten Preisaufgaben, die durch ihren aktuellen und allgemein interessierenden Inhalt in der Regel zahlreiche Bewerber auf den Plan riefen. Die Schriften der Akademie fand man in allen Zentren des wissenschaftlichen Lebens und in den Bibliotheken der Gelehrten. Noch heute haben die Namen hervorragender Mitglieder aus dieser Zeit einen hohen Klang. Jahrelang gaben neben den Franzosen vor allem Schweizer der Akademie in hohem Maße ihr Gepräge, wie JOHANN BERNHARD MERIAN, JOHANN GEORG SULZER, DANIEL PASSAVANT, NICOLAS DE BEGUELIN, JAKOB WEGELIN, HENRI ALEXANDRE DE CATT und besonders die Mathematiker LEONHARD EULER und JOHANN HEINRICH LAMBERT. Neben diesen standen gleich berühmt die Deutschen und Franzosen: der Chemiker ANDREAS SIGISMUND MARGGRAF, der Philosoph SAMUEL FORMEY, der Philosoph JULIEN OFFRAY DE LA METTRIE, der Mathematiker LOUIS COMTE DE LAGRANGE und der Chemiker FRANÇOIS CHARLES ACHARD. Unter den auswärtigen Mitgliedern glänzten die Namen von FRANÇOIS-MARIE AROUET DE VOLTAIRE, JEAN LE ROND D'ALEMBERT, CHARLES DE SECONDAT DE MONTESQUIEU, KARL VON LINNÉ, DENIS DIDEROT, THIERRY HOLBACH, CLAUDE-ADRIEN HELVETIUS und ALBRECHT VON HALLER sowie IMMANUEL KANT, CHRISTOPH MARTIN WIELAND, JOHANN GOTTFRIED HERDER und GOTTHOLD EPHRAIM LESSING.

Abb. 7. LEONHARD EULER (15. 4. 1707—7/18. 11. 1783)

Die Académie Royale des Sciences et Belles Lettres übernahm von der Sozietät ihren Fundus, das heißt das gesamte Vermögen. Die Ausstattung der Sozietät war seit ihrer Gründung dürftig gewesen. Sie verfügte neben einem astronomischen Observatorium nur über bescheidene Räume in der Dorotheenstraße (Abb. 8). Jetzt erhielt sie, nachdem im August 1743 die Marställe in den zwei Rechteckbauten zwischen den Linden und der Dorotheenstraße durch Brand vernichtet waren, an der Flucht Unter den Linden ein neu erbautes, 1744 übereignetes Akademiegebäude, das sie am 1. Juni 1752 bezog und bis zum Jahre 1903 als zweiten Sitz behielt (Abb. 9).

Abb. 8. Das Astronomische Observatorium in der Dorotheenstadt

Zur Geschichte des Sitzes der Akademie sei an dieser Stelle noch folgendes gesagt:

Als in den achtziger Jahren des 17. Jahrhunderts der neue kurfürstliche Marstall in der Straße Unter den Linden als eingeschossiger, einen Mittelhof umschließender Rechteckbau mit zweistöckigen Eckbauten und einem ebenso hohen Mittelpavillon an der Lindenfront errichtet worden war, erfuhr dieser Gebäudekomplex nach Gründung der Sozietät eine Erweiterung. Unter Leitung des Hofbaumeisters Grünberg wurde dann dieser Rechteckbau durch einen nördlichen etwa gleichgroßen Mittelhof eingeschossig mit wieder etwas erhöhten Ecktürmen nach Norden hin verdoppelt. Die Nordseite an der Dorotheenstraße erhielt dabei einen viereckigen, fünfgeschossigen quadratischen Mittelpavillon. Der Bau dieses Mittelgebäudes zog sich mehrere Jahre hin. Am 7. Februar 1701 wurde durch eine königliche Order die Schenkung des Mittel- und Eckpavillons dieses Gebäudekomplexes ausgesprochen, in der es hieß: „Seine K. Maj. in Preußen... erinnern sich gnädigst, daß Sie der von Deroselben ohnlängst fundirten Societät der Wissenschaften nicht allein den mittelsten Pavillon der hintern Seiten des neven Stalles auf der Dorotheenstatt zum Observatorio und anderen Gebrauch gnädigst versprochen, sondern auch einen dabey stehenden Eckpavillon zur Wohnung der Astronomi destinirt und theils in der Fundation teils in desselben Bestallung dergestalt verschrieben haben, daß so lange dieser Pavillon nicht eingeräumt werden könnte, ihm anderwärts freyes Logement verschaffet werden soll.“ Offiziell hieß es im Statut der Königlichen Sozietät der Wissenschaften vom 3. Juni 1710: „Demnach Wir Unser Societaet der Wißenschaften alhier den mittleren

Pavillon der hinteren Seithen Unseres neuen Marstalles auf der Dorotheen-Stadt zum Observatorio und zugleich zu ihrem Sitz und Aufenthalt gewidmet, auch auf unseren Kosten aufführen und in brauchbahren Stand setzen zu laßen allergnädigst übernommen, und dan durch Göttl. Beystand des damit nunmehr soweit gediehen, daß derselbe ihr zu solchem Gebrauch übergeben und die zu

Abb. 9. Altes Akademiegebäude in der Flucht Unter den Linden

denen ihr auferlegten Verrichtungen erforderte Zusammenkünfte ohne Hindernis daselbst angetretten und ordentlich fortgesetzt werden sollen..."

Aber erst am 17. Januar 1711 erfolgte die feierliche Eröffnung der neuen Körperschaft, und seitdem diente das zweite Stockwerk des viereckigen Mittelpavillons des Observatoriums an der Dorotheenstraße (um 1800 Letzte Straße genannt und heute Komplex der Universitätsbibliothek in der Clara-Zetkin-Straße) der Sozietät der Wissenschaften als Sitzungssaal, während sich im dritten Stock die Räume des Observatoriums befanden. Die Astronomen der Akademie bezogen aber keine Wohnung, wie angekündigt, im „Eck-Pavillon so nach der Stadt gehet" (Dorotheenstraße, Ecke Universitätsstraße), da „solcher nicht zu entbehren, der andere aber wegen des morastischen grundes kein gebäu leiden könne, wo nicht zur gefestigung des Fundaments übermäßige Kosten angewendet würden". Nach Ausweis des „Adress-Calenders... auf das Jahr 1706" wohnte zum Beispiel der erste Astronom Gottfried Kirch (1639–1710) „in der Dorotheenstadt in Melchers Hause", und sein Nachfolger Johann Heinrich Hoffmann Molkenmarkt in Hrn. Weigenands Hause". Erst 1707 erwarb die Sozietät ein eigenes Haus dem Observatorium gegenüber (1900: Dorotheenstraße 10), in dem dann KIRCH seit 1708 seine Wohnräume hatte.

Sie benutzte damals nur den westlichen Teil des Gebäudes, in dessen rundem Saal später FICHTE 1807/1808 seine Reden an die deutsche Nation hielt, ohne übrigens Mitglied der Akademie gewesen zu sein. Zu diesem Besitz kamen noch der Botanische Garten und verschiedene Versuchsgrundstücke sowie die Bibliothek, das Theatrum Anatomicum, das Physikalische Kabinett, das Herbarium und das Chemische Laboratorium. Finanziell trug sich die Akademie nach wie vor durch die Einkünfte des Monopols für die Herstellung und den Vertrieb von Kalendern (1700), durch Privilegien für Feuerlöschwesen (1700), für Seidenbau (1707) und für Landkartenherstellung (1747), durch Herausgabe der Gesetzsammlung, des „Novum Corpus Constitutionum" (1751—1810), und ähnliche Unternehmen. Ertragsreich blieben aber allein die Einnahmen aus dem Kalendermonopol, mit denen sie bis zum Jahre 1812 Gehälter, Preise und Drucke finanzierte.

Die bürgerliche Revolution in Frankreich von 1789—1794, die mit dem politischen Sieg der französischen Bourgeoisie über den Feudaladel endete, übte naturgemäß auch auf die Wissenschaften, die ja nicht isoliert von den gesellschaftlichen Ereignissen existieren, stärkeren Einfluß aus. Dieser machte sich auch innerhalb des Kreises der Gelehrten der Akademie bemerkbar, aber an der Stellung und der Arbeit der Akademie änderte sich nichts, solange der altpreußische Staat bestand. Sie beharrte auf der Position der höfischen Aufklärung und verschloß sich als Institution allen neuen Ideen. Einer der Künder der neuen Zeit, ALEXANDER VON HUMBOLDT, nannte sie 1786 ein Hospital, in dem die Kranken besser schlafen als die Gesunden.

Wie der Graf MIRABEAU in diesen Jahren das Regierungs- und Wirtschaftssystem Preußens scharf kritisierte, versuchte auch der Minister Graf EWALD FRIEDRICH VON HERTZBERG die Akademie bald nach dem Regierungsantritt FRIEDRICH WILHELMS II. zu reformieren. Er brachte eine größere Anzahl deutscher Mitglieder in die noch vorwiegend französische Körperschaft und versuchte, in der Akademie die französische Sprache durch die deutsche zu ersetzen. Seine Bemühungen aber trugen mehr zur Festigung als zur Umwandlung des in Berlin gepflegten platten Rationalismus der Aufklärung NICOLAIS bei und schlugen nicht die Brücke zu einer geistigen Welt, in der GOETHE und SCHILLER lebten. Den führenden Vertretern, die jetzt Mitglieder der Akademie waren, gelang es, neuen Ideen und neuen Männern wenigstens für einige Jahre mit um so größeren Nachdruck entgegentreten zu können. Aber es war dennoch nicht zu verhindern, daß auch in der Akademie das Echo der Französischen Revolution belebend wirkte. Gelehrte lösten sich aus dem Bann des vergangenen Jahrhunderts, neue Männer mit fortschrittlichen Ideen wurden Mitglieder der Akademie. Noch vor dem Zusammenbruch des preußischen Staates nach der Schlacht bei Jena und Auerstedt waren z. B. der Arzt CHRISTOPH WILHELM HUFELAND, der Agrarwissenschaftler ALBRECHT DANIEL THAER und der Naturforscher ALEXANDER VON HUMBOLDT Mitglieder der Akademie geworden, die, vom Vertrauen in den Fortschritt der Gesellschaft und vom Glauben an die Zukunft der deutschen Nation erfüllt, auch um eine allmähliche Hebung des geistigen Niveaus der Akademie bemüht waren. Im Sommer 1806 lenkte ALEXANDER VON HUMBOLDT (Abb. 10) in einem Aufsatz die Aufmerksamkeit auf die Reorganisation der Akademie, indem er die Wahl berühmter Menschen des Zeitalters empfahl. So wurde im Jahre 1806 JOHANN WOLFGANG VON GOETHE vom Plenum der Preußischen Akademie der Wissenschaften noch vor ihrer Reformierung gewählt, während ein Jahr vorher die Zuwahl JOHANN GOTTLIEB FICHTES, noch unter dem Einfluß der Vertreter der Berliner Aufklärung, entschieden abgelehnt worden war.

Abb. 10. ALEXANDER VON HUMBOLDT
Ordentliches Mitglied seit 1805
(14. 9. 1769—6. 5. 1859)

Der Zusammenbruch des alten preußischen Staates nach der Schlacht bei Jena und Auerstedt im Jahre 1806 und die darauf folgende Reformperiode machten auch den Weg zu neuer und größerer Wirksamkeit für die Akademie frei. Jetzt setzte auch in der Akademie eine Entwicklung ein, die die LEIBNIZschen Traditionen wachrief und vor allem in den Brüdern ALEXANDER und WILHELM VON HUMBOLDT ihre glühendsten Verfechter fand. Im Jahre 1807 ernannte das Plenum der Akademie ein Reorganisationskomitee unter dem Vorsitz ALEXANDER VON HUMBOLDTS, der noch im gleichen Jahre einen Entwurf über die „Hauptobjekte, über welche die Organisations-Commission der K. Akademie der Wissenschaften zu deliberiren hat", und einen Aufsatz über die in der Akademie vorzunehmenden Änderungen vorlegte, in dem bedeutungsvolle Gedanken zur Umgestaltung des Aufbaus und der wissenschaftlichen Arbeit der Akademie enthalten waren.

Diese Bemühungen um die Reorganisation der Akademie führte dann WILHELM VON HUMBOLDT weiter (Abb. 11). Nachdem er im Jahre 1808 an die Spitze des Unterrichtswesens getreten war, wandte er sich jedoch zuerst der Neugestaltung des wissenschaftlichen Lebens an den Universitäten zu, da diesen für die innere Erneuerung und die nationale Unabhängigkeit zunächst eine höhere Bedeutung zukam. Erst nach Abschluß dieses Reformwerkes trat die Akademie wieder in den Blickpunkt des Interesses. Nachdem der Statutenentwurf der Revisionskommission von 1809 zunächst zurückgestellt worden war, erfolgte im Jahre 1812 die Bestätigung des neuen Statuts, durch das die von Staatsrat WILHELM UHDEN im Bunde mit den Historikern BARTHOLD GEORG NIEBUHR und J. P. FRÉ-

DÉRIC ANCILLON geförderte Reorganisation ihren Abschluß fand. Während ALEXANDER VON HUMBOLDT noch 1809 die Forderung erhoben hatte, der Akademie für die wichtigsten Wissensgebiete eigene Forschungseinrichtungen anzugliedern, gab sie jetzt nach der 1810 erfolgten Gründung der Universität Berlin wichtige Forschungsstätten wie den Botanischen Garten, die Bibliothek und das Chemische Laboratorium an diese ab. Die Akademie mußte sich somit nun fast ausschließlich auf solche Forschungsarbeiten beschränken, die vom Schreibtisch aus durchgeführt werden konnten. Es ist oft gefragt worden, ob die damalige Abtrennung der Institute von der Akademie, die zwar das volle Besitzrecht behielt, nicht übereilt war. Doch der neuen Universität wegen mußten Opfer gebracht werden, denn der preußische Staat war damals nicht reich genug, um gesonderte Universitätsinstitute einzurichten. Von Bedeutung für die Akademie war es, daß sie eine selbständige Körperschaft blieb. An ihrer Spitze standen kein Kurator, kein Präsident, keine Vizepräsidenten und kein Direktorium, sondern die Leitung der Akademie war in die Hand der vier lebenslänglich gewählten Klassensekretare gelegt, die sich alle drei Monate, später alle vier Monate im Vorsitz der Gesamtakademie abwechselten. Die Akademie genoß jetzt eine stärkere Selbständigkeit. Es darf jedoch nicht übersehen werden, daß seit 1817 ein Kultusministerium als selbständige Behörde entstand, das in steigendem Maße Kontrollfunktionen ausübte, die früher von dem ehemaligen „praeses honorarius“ VON PRINTZEN und dann von anderen Kuratoren wahrgenommen worden waren. Seit 1812 stand sich die Akademie finanziell besser, da das Kalendermonopol aufgelöst wurde und sie statt dessen eine jährliche Staatsdotation von 20000 Taler erhielt. In der Zeit der Reorganisation wählte die Akademie hervorragende Gelehrte zu ordentlichen Mitgliedern, wie WILHELM VON HUMBOLDT, den klassischen Philologen FRIEDRICH AUGUST WOLF, den Historiker BARTHOLD GEORG NIEBUHR, den Theologen FRIEDRICH SCHLEIERMACHER, den Juristen FRIEDRICH KARL VON SAVIGNY und den klassischen Philologen AUGUST BÖCKH, zu auswärtigen Mitgliedern den Zoologen GEORGES CUVIER, die Mathematiker PIERRE SIMON DE LAPLACE und KARL FRIEDRICH GAUSS, den „princeps mathematicorum“, sowie den Astronomen FRIEDRICH WILHELM BESSEL.

Abb. 11. WILHELM VON HUMBOLDT
Ordentliches Mitglied seit 1810
(22. 6. 1767 bis 8. 4. 1835)

Da im Statut von 1812 über die Aufgaben der Akademie und ihre Arbeitsmethoden nichts vermerkt worden war, mußten sich die Arbeitsprinzipien erst in den nächsten Jahren durchsetzen. Es gab noch viele Gelehrte, die getrennt voneinander ihren speziellen wissenschaftlichen Interessen nachgingen. Demgegenüber forderten NIEBUHR, SCHLEIERMACHER, SAVIGNY, BÖCKH und andere, daß der Hauptzweck der wissenschaftlichen Arbeit der Akademie in großen wissenschaftlichen Unternehmungen zu suchen sei, da derartige gemeinsame Arbeiten der Wissenschaft am meisten dienten und der Akademie und ihrer Mitglieder allein würdig seien.

Das Statut von 1812 wurde auf Grund eines Entwurfs von SCHLEIERMACHER vom Jahre 1829 im Jahre 1838 noch einmal revidiert. Die wichtigste Änderung aber war schon 1829 in Kraft getreten, nämlich die Zusammenlegung der bisherigen vier Klassen in zwei, die Physikalisch-mathematische[1]), und die Philosophisch-historische Klasse. Diese Regelung blieb auch in der Neuformulierung des Statuts der Akademie vom Jahre 1881 bestehen, indem die Arbeiten stärker als bisher vom Plenum in die Klassen verlegt wurden. Neu war ab 1838 auch die Errichtung von Fachstellen, die sich auf einen Vorschlag von AUGUST BÖCKH aus dem Jahre 1818 gründete und auf Initiative ALEXANDER VON HUMBOLDTS durchgeführt wurde. So sahen die Statuten nunmehr vor, daß in beiden Klassen je 25 Fachstellen geschaffen wurden.

Im weiteren Ausbau der Geschäftsordnung wurden die Planstellen für die ordentlichen Mitglieder auf die Fächer verteilt. Es erhielten in der Physikalisch-mathematischen Klasse: Chemie, Physik, Botanik, Zoologie, Mineralogie und Geognosie, Anatomie je 2 Stellen, die Wissenschaften, die früher zur Mathematischen Klasse gerechnet wurden 6, so daß 7 freie Stellen zur beliebigen Besetzung in der Klasse offen blieben. In der Philosophisch-historischen Klasse erhielten Philosophie und Geschichte der Philosophie 3, alte klassische Literatur 4, Geschichte 3, deutsche Philologie 1, Kunst und Archäologie 2, orientalische Literatur 2, Politik und Statistik 1 Stelle, so daß 9 freie Stellen blieben. Bis 1925 ist an diesem Aufbau nichts Grundsätzliches geändert worden. Die Statuten von 1881 brachten eine erste Vermehrung der Planstellen, die sich auf 27 erhöhten. Im Jahre 1900 erhielt die Physikalisch-mathematische Klasse 3 neue Stellen, vorzugsweise für Vertreter der Technik, und die Philosophisch-historische Klasse 3 neue Stellen, vorzugsweise für Vertreter der deutschen Sprachforschung. Seitdem waren die Tore der Akademie auch für Vertreter der technischen Disziplinen geöffnet, und in den nächsten Jahren traten hervorragende Techniker in die Akademie ein, wie z. B. FRIEDRICH VON HEFNER-ALTENECK, HEINRICH MÜLLER-BRESLAU, HERMANN ZIMMERMANN, ADOLF MARTENS, KARL WILLY WAGNER und JOHANNES STUMPF. Eine weitere Erhöhung der Stellen erfolgte in den Jahren 1906, 1911, 1913 und zuletzt noch im Jahre 1914. Diese Erweiterung der Planstellen im 19. und 20. Jahrhundert ist einerseits als ein Spiegelbild der konstant vorwärtsschreitenden wissenschaftlichen Entwicklung zu werten, zeigt aber andererseits auch die starke Abhängigkeit der Berliner Akademie von den Finanzen des Staates, der für die Wissenschaft nur geringe Mittel aufbrachte. Insgesamt waren in diesen Jahrzehnten die Planstellenveränderungen nur geringfügig im Vergleich zur Entwicklung, die die Akademie nach 1946 nahm.

[1]) Im Jahre 1939 in Mathematisch-naturwissenschaftliche Klasse umbenannt.

In den Jahren von 1812 bis 1830 war die Akademie in besonderem Maße auf geisteswissenschaftlichem Gebiete tätig und erfolgreich. In dieser Periode wirkten führende deutsche Philologen, Historiker, Juristen und Philosophen wie AUGUST BÖCKH, FRANZ BOPP, KARL LACHMANN, BARTHOLD GEORG NIEBUHR, FRIEDRICH VON RAUMER, FRIEDRICH KARL VON SAVIGNY, FRIEDRICH SCHLEIERMACHER und WILHELM VON HUMBOLDT. Nur einer fehlte in diesem Kreis: GEORG WILHELM FRIEDRICH HEGEL. Er wurde nicht in die Akademie aufgenommen, da es SCHLEIERMACHER immer wieder gelang, ihn mit der Begründung, daß nur Fachgelehrte und keine spekulativen Philosophen in die Akademie gehörten, von dieser fernzuhalten.

Als erstes großes Unternehmen der Philosophisch-historischen Klasse wurde 1815 auf Vorschlag von AUGUST BÖCKH die Sammlung der Inscriptiones Graecae beschlossen und tatkräftig ins Werk gesetzt. Im Jahre 1817 begann eine kritische Ausgabe der Werke von ARISTOTELES, die 1836 in vier stattlichen Bänden vorgelegt werden konnte. Auf Initiative des FREIHERRN VON STEIN wurde 1819 die Gesellschaft für ältere deutsche Geschichtskunde gegründet, die sich die Herausgabe der Monumenta Germaniae Historica zum Ziel setzte und an deren Vorbereitung auch die Akademie beteiligt war. Erste wissenschaftliche Expeditionen wurden in diesen Jahren von der Akademie ausgerüstet, und 1825 brachte BESSEL ein großes astronomisches Unternehmen, die Anfertigung vollständiger Himmelskarten, in Vorschlag. Diesem ersten Unternehmen folgten im Laufe der nächsten Jahrzehnte dann noch mehrere bedeutende geisteswissenschaftliche Vorhaben, die dem nationalen und internationalen Ansehen der Akademie dienten. So begannen unter anderem folgende Unternehmen:

die lateinischen Inschriften: 1853,
die Münzwerke: 1888,
die ältesten griechischen Kirchenschriftsteller der ersten drei Jahrhunderte: 1891,
die KANT-Ausgabe: 1893,
das Wörterbuch der deutschen Rechtssprache: 1894,
das Wörterbuch der ägyptischen Sprache: 1897,
die LEIBNIZ-Ausgabe und die Sammlung der griechischen Ärzte: 1901,
die Übernahme des schon 1838 begonnenen GRIMMschen Wörterbuches in die Obhut der Akademie: 1908.

In der Physikalisch-mathematischen Klasse konnten die großen Traditionen, die vor allem LEONHARD EULER und JOHANN HEINRICH LAMBERT begründet hatten, durch die tätige Mitgliedschaft von GUSTAV LEJEUNE-DIRICHLET, JAKOB STEINER, CARL GUSTAV JACOB JACOBI und ERNST KUMMER fortgesetzt werden. Berlin war neben Paris eine anerkannte Hochburg der Mathematik geworden.

In den Jahrzehnten vor dem Ausbruch der bürgerlichen Revolution 1848 begann der allmähliche Aufschwung der industriellen Entwicklung in Deutschland. Wenn auch die Zersplitterung Deutschlands das Haupthindernis für die ungehemmte Entfaltung des Kapitalismus und eines einheitlichen deutschen Marktes blieb, so nahm doch der gesellschaftliche Aufschwung sichtbar zu und gab auch der wissenschaftlichen, besonders der naturwissenschaftlichen Forschung neuen Auftrieb.

In den Jahren bis zum Ausbruch der bürgerlichen Revolution von 1848 erweiterte sich der Umfang der Arbeit der Akademie in stärkerem Maße, und hervorragende Gelehrte wie der Chemiker EILHARD MITSCHERLICH, der Geograph KARL RITTER, der Astronom JOHANN FRANZ ENCKE, der Historiker FRIEDRICH VON RAUMER, der Philologe KARL LACHMANN, der Historiker LEOPOLD VON RANKE, der Naturforscher und Dichter ADELBERT VON CHAMISSO, die Physiker HEINRICH WILHELM DOVE und JOHANN CHRISTIAN POGGENDORFF und die Sprachforscher JACOB und WILHELM GRIMM gehörten in den Kreis der ordentlichen Mitglieder, während zu den auswärtigen Mitgliedern Gelehrte wie der klassische Philologe JOHANN HEINRICH VOSS, der Chemiker JOHANN JAKOB BERZELIUS, der Historiker F. P. GUILLAUME GUIZOT und die Chemiker MICHAEL FARADAY und LOUIS GAY-LUSSAC und zu den korrespondierenden Mitgliedern die Mathematiker ADRIEN-MARIE LE GENDRE, GASPARD MONGE und JOSEPH DE FOURIER, der Physiker und Mathematiker ANDRÉ-MARIE AMPÈRE, der Physiker GEORG SIMON OHM und der Germanist und Dichter LUDWIG UHLAND zählten.

Im Jahre 1848 erforderte der Stand der kapitalistischen Entwicklung die ökonomische und politische Einigung Deutschlands und die Schaffung einer bürgerlichen Gesellschaftsordnung. Dieses Ziel konnte aber nur durch den revolutionären Sturz der Feudalordnung erreicht werden. Der Kampf für eine einige unteilbare bürgerlich-demokratische Republik wurde damit zur Hauptaufgabe der bürgerlich-demokratischen Revolution von 1848. Das liberale Bürgertum und das demokratische Kleinbürgertum, sowie die junge deutsche Arbeiterklasse und die Bauern wandten sich bei aller Unterschiedlichkeit ihrer Interessen grundsätzlich gegen die Feudalordnung. Von diesen politischen Ereignissen blieb auch die Akademie nicht unberührt. Auch durch den Kreis der Mitglieder ging die Trennung zwischen Konservativen und Liberalen. Das Auftreten des Philosophen FRIEDRICH VON SCHELLING 1842 gegen die HEGELsche Philosophie und die Kritik FRIEDRICH VON RAUMERS an der Politik FRIEDRICH WILHELMS IV. zeigten 1847, verbunden mit RAUMERS Ausscheiden aus der Akademie, daß keine Einmütigkeit unter den Mitgliedern bestand und die Akademie nicht die Kraft hatte, sich zu den Lebensfragen der deutschen Nation zu äußern. Weil sich die Akademie als Körperschaft den fortschrittlichen Ideen der Französischen Revolution verschloß, fand sie auch nicht den Weg zur Unterstützung der bürgerlichen Freiheitsforderungen. So sehr sie aber bemüht blieb, eine vom politischen Geschehen abgeschirmte Gelehrtenrepublik zu bleiben, so wurden doch von außen her die Forderungen nach einer neuen Form der wissenschaftlichen Arbeit immer stärker und zwangen sie, sich mit diesen auseinanderzusetzen. Die Physikalische Gesellschaft verfaßte im Frühjahr 1848 eine Adresse an die Akademie, in der der Wunsch ausgesprochen wurde: „Es möchten die sämmtlichen Sitzungen der Akademie fortan öffentliche sein, insofern die Verhandlungen wissenschaftliche Gegenstände betreffen“ (Abb. 12).

Die Akademie sah sich genötigt, zu dieser von DU BOIS-REYMOND und weiteren 100 Persönlichkeiten unterschriebenen Adresse Stellung zu nehmen, wandte sich aber gegen diese „Petition um Vergrößerung der Oeffentlichkeit und gegen eine Veränderung ihrer wissenschaftlichen Tätigkeit.“ Gelang es ihr auch, diesen ersten Angriff des „Zeitgeistes“ erfolgreich abzuwehren, so erlebte sie an der Schwelle zum Jahre 1849 noch einen weiteren, der die Mitglieder in stärkste

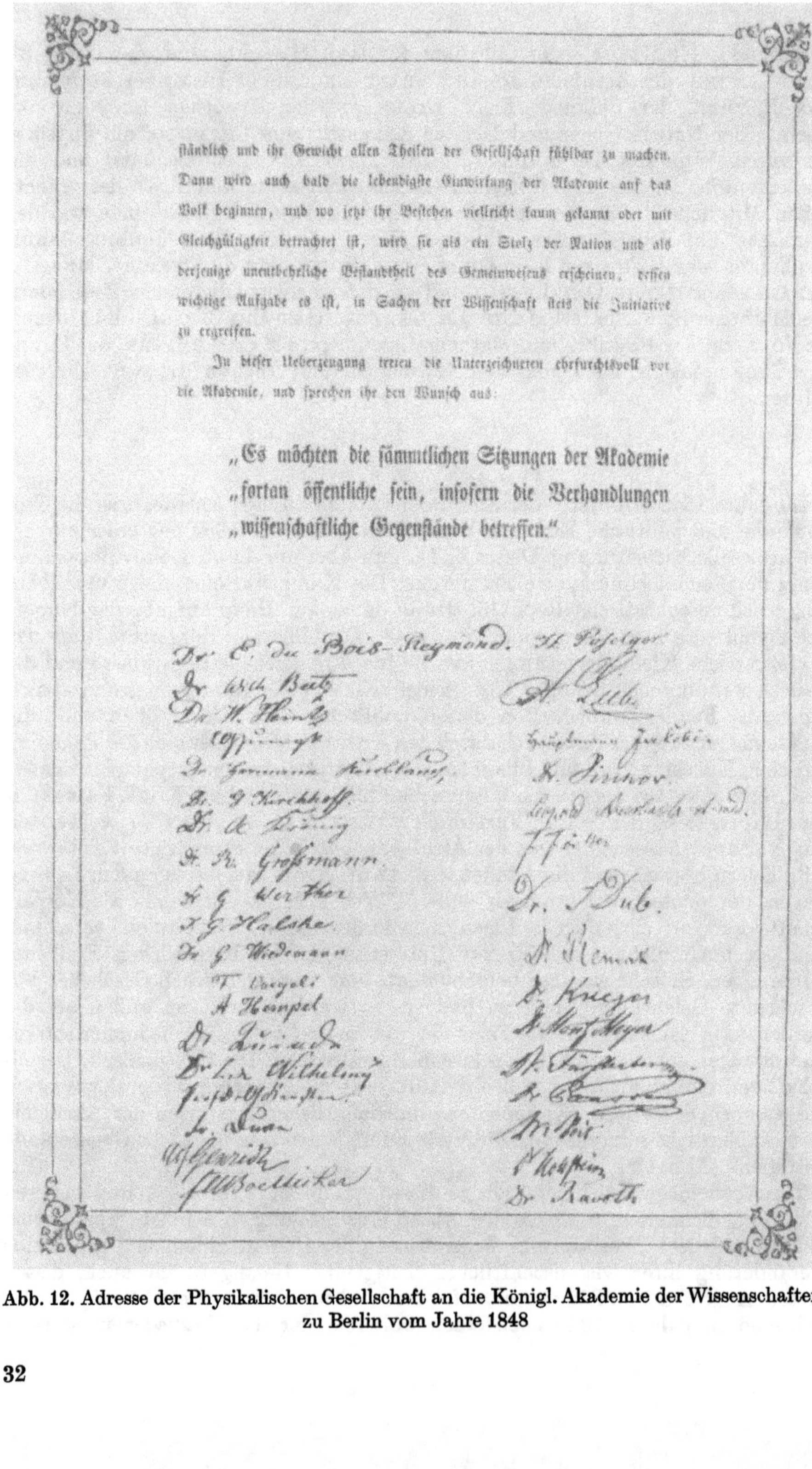

ständlich und ihr Gewicht allen Theilen der Gesellschaft fühlbar zu machen. Dann wird auch bald die lebendigste Einwirkung der Akademie auf das Volk beginnen, und wo jetzt ihr Bestehen vielleicht kaum gekannt oder mit Gleichgültigkeit betrachtet ist, wird sie als ein Stolz der Nation und als derjenige unentbehrliche Bestandtheil des Gemeinwesens erscheinen, dessen wichtige Aufgabe es ist, in Sachen der Wissenschaft stets die Initiative zu ergreifen.

In dieser Ueberzeugung treten die Unterzeichneten ehrfurchtsvoll vor die Akademie, und sprechen ihr den Wunsch aus:

„Es möchten die sämmtlichen Sitzungen der Akademie „fortan öffentliche sein, insofern die Verhandlungen „wissenschaftliche Gegenstände betreffen."

Abb. 12. Adresse der Physikalischen Gesellschaft an die Königl. Akademie der Wissenschaften zu Berlin vom Jahre 1848

Erregung versetzte. Am 5. Januar 1849 veröffentlichte ein anonymer Verfasser in den „Berlinischen Nachrichten von Staats- und gelehrten Sachen“ einen Neujahrsgruß, in dem die unbeteiligte Haltung der Akademie während der Bürgerlichen Revolution von 1848 kritisch zum Ausdruck kam. Die Akademie verwahrte sich in einer Erwiderung gegen den Verfasser, „der, wie es scheint, aus der Akademie einen politischen und demokratischen Club machen möchte.“

Nachdem die Akademie zunächst in dieser Form geantwortet hatte, führte sie in der Folge ihre besten Redner ins Feld, um den „unpolitischen“ Charakter der Akademie zu rechtfertigen. So unternahmen es Böckh, Trendelenburg und Jacob Grimm im Laufe des Jahres 1849, die Öffentlichkeit über „die akademischen Aufgaben“ zu unterrichten, d. h. progressive Forderungen endgültig auszuschalten. Wie im politischen Leben die Reaktion alle fortschrittlichen Regungen verfolgte und unterdrückte — eine Erscheinung, die Alexander von Humboldt des öfteren lebhaft beklagte —, so wurden auch diejenigen Mitglieder der Akademie, die demokratischen Tendenzen huldigten, gezwungen, sich auf ein spezielles Fach zu beschränken. Im Laufe der Zeit wurde aus der Not eine Tugend gemacht, und so verbreitete sich die irrige Meinung, daß die Wissenschaft isoliert von der gesellschaftlichen Entwicklung existieren und sich entfalten könne. Natur- und Geisteswissenschaftler lebten sich immer mehr auseinander, und die Idee der Einheit der Wissenschaft im Dienste der Gesellschaft nach der Konzeption des Gründers der Akademie. G. W. Leibniz, ging im 19. Jahrhundert in immer stärkerem Maße verloren.

Abb. 13. Theodor Mommsen
Ordentliches Mitglied seit 1858
(30. 11. 1817 bis 1. 11. 1903)

Auf dem Gebiete der Geisteswissenschaften führte die Akademie ihre traditionellen Unternehmen weiter, und nach dem Eintritt Theodor Mommsens in die Akademie erhielten diese neue wertvolle Impulse (Abb. 13). Große Unternehmungen wuchsen stetig an und erlangten hohe Bedeutung. Obwohl der Etat der Akademie mit den Jahren umfangreicher wurde, reichten die staatlichen Mittel jedoch Mitte des 19. Jahrhunderts nicht aus.

Seit den sechziger Jahren des 19. Jahrhunderts begann die Akademie, solche Arbeiten auch mit Hilfe von Stiftungen zu finanzieren. Hierbei handelte es sich zum Beispiel um Sammlungen zur Ehrung angesehener Gelehrter und zum Gedenken an sie, wie die HUMBOLDT-Stiftung für Naturforschung und Reisen. Die Geschichte der Stiftungen zeigt jedoch den großen Zwiespalt, in dem sich Wissenschaft und Forschung im kapitalistischen Deutschland befunden haben. Niemals in ihrer Vergangenheit erhielt die Akademie vom Staate die notwendigen Mittel, die für eine wahrhaft erfolgreiche wissenschaftliche Arbeit notwendig gewesen wären. Die Akademie war auf Stiftungen verschiedener Art angewiesen. Die Stiftungen ihrerseits trugen wiederum verschiedenen Charakter: Humanitäre und wissenschaftsfreundliche Motive standen genau so Pate wie Eitelkeit von Unternehmern und Vorteile, die sie aus solchen Stiftungen und den Ergebnissen der mit Stiftungsmitteln finanzierten Wissenschaft für sich selbst oder für die herrschenden Klassen auf finanziellem, politischem, ökonomischem und militärischem Gebiet erhofften. Die Akademie hatte zwar durch Stiftungen neben ihrem Etat zusätzliche Mittel zur Verfügung, der Einsatz der Mittel war jedoch in der Regel von den Stiftern vorgeschrieben. Insgesamt verfügte sie im 19. Jahrhundert über 47 derartige Stiftungen, von denen nur die bürgerlich-private WENTZEL-HECKMANN-Stiftung mit $1^1/_2$ Millionen Reichsmark Kapital und die industrielle Stiftung der Solvay-Werke genannt seien.

Finanziell eröffneten sich für die Akademie bessere Möglichkeiten nach der Gründung des deutschen Reiches 1871, da jetzt jährlich 45000–75000 Reichsmark für wissenschaftliche Arbeiten zur Verfügung standen. Im Jahre 1875 übernahmen die deutsche und die österreichisch-ungarische Regierung die Betreuung der Monumenta Germaniae Historica, in deren Zentraldirektion die Berliner, die Wiener und die Münchener Akademie je zwei Vertreter entsandten. In diesen Jahren wurden auch die bekannten kritischen Akademie-Editionen der Meisterwerke aus der neueren deutschen Literatur beschlossen. Es erschienen Ausgaben der Werke von WIELAND, HAMANN und JEAN PAUL. Außerdem wurden die Ausgaben der Werke von LEIBNIZ, KANT, SCHLEIERMACHER, WILHELM VON HUMBOLDT und der Mathematiker KRONECKER und WEIERSTRASS in das Programm aufgenommen und zum Teil auch bereits der Öffentlichkeit vorgelegt.

Im Zusammenhang mit der Zunahme des Umfanges der wissenschaftlichen Arbeit, wozu auch die vorgenannten akademischen Vorhaben gehörten, aber auch wegen der Baufälligkeit des Hauses bemühte sich die Akademie um Erweiterung und Ausbau der Akademieräume und vor allem auch ihrer Versammlungsräume. Eine Verbesserung der Raumverhältnisse trat für die Akademie erst ein, als der „Neubau der Königlichen Bibliothek, der Universitätsbibliothek und der Akademie der Wissenschaften zu Berlin“ angeordnet wurde. So verließ die Akademie im Sommer 1903 ihr altes Akademiegebäude, damals Unter den Linden 38, und verlegte interimistisch ihre Räume nach W 35, Potsdamer Straße 120 in das Haus der Königlichen Akademischen Hochschule für Musik, die ihrerseits nach Charlottenburg umzog. Etwa 10 Jahre blieb die Akademie auf ihre provisorische Unterbringung in diesem Hause, ihr 3. Domizil, angewiesen. Als der Neubau Unter den Linden fertiggestellt war, erfolgte im Februar 1914 der Umzug in das neue Gebäude, in dem heute — nach Beseitigung der Kriegsschäden — die Hauptbibliothek der Akademie und gesellschaftswissenschaftliche Einrichtungen untergebracht sind.

Die Physikalisch-mathematische Klasse verfügte über keine eigenen Forschungsstätten und konnte sich im 19. Jahrhundert und auch in der weiteren Zeit bis 1946 nur in ihren theoretischen Disziplinen mit der Philosophisch-historischen Klasse messen. Sie mußte sich auf Arbeiten beschränken, die sich außerhalb der

Laboratorien und experimenteller Arbeitsmöglichkeiten erledigen ließen. Ein typisches derartiges Unternehmen war das Jahrbuch über die Fortschritte der Mathematik, das, 1870 gegründet, die mathematischen Zeitschriften des In- und Auslandes auswertete. Einen ähnlichen Charakter trug die Geschichte des Fixsternhimmels, die alles zusammenstellte, was von 1700 bis 1900 an Ortsbestimmungen von Fixsternen gemessen wurde, und eine umfassende Übersicht von Beschreibungen aller bekannten Tier- und Pflanzennamen, an der seit 1897 gearbeitet wurde. Das Schlußheft des von dieser abgezweigten Nomenclator animalium generum et subgenerum erschien 1954.

Die Vertreter der Naturwissenschaften waren auf die an den Universitäten und Hochschulen vorhandenen Institute angewiesen und berichteten vor dem Forum der Akademie nur über neue Ergebnisse. Auch in der zweiten Hälfte des 19. Jahrhunderts blieb es bei diesem Zustand, obwohl gewaltige Fortschritte auf den naturwissenschaftlichen Gebieten erzielt wurden.

Als sich um die Wende des 19. Jahrhunderts zum 20. Jahrhundert infolge der Ungleichmäßigkeit der ökonomischen und politischen Entwicklung der einzelnen Länder der Übergang vom Kapitalismus zum Imperialismus vollzog, änderte sich auch in gewisser Weise die Funktion und Bedeutung der naturwissenschaftlichen Forschung in den kapitalistischen Staaten, insbesondere in den hochentwickelten kapitalistischen Industriestaaten. Das Anwachsen des Gegensatzes zwischen Kapital und Arbeit, der Widerspruch zwischen den verschiedenen Finanzgruppen und imperialistischen Mächten und ihr Kampf um Rohstoffquellen und Kapitalanlage-Gebiete, der Widerspruch zwischen imperialistischen Mächten und Kolonialvölkern — Reaktion auf der ganzen Linie nach innen und außen waren die hauptsächlichsten Kennzeichen des Imperialismus. Das imperialistische Deutschland war infolge seiner geschichtlichen Vergangenheit bei der Aufteilung der Welt unter die imperialistischen Großmächte spät in Erscheinung getreten und betrachtete sich als zu kurz gekommen. Zudem hatte infolge des Bündnisses zwischen der imperialistischen Bourgeoisie und dem Junkertum das reaktionäre Preußentum wesentliche Machtpositionen behaupten können, und der preußische Militarismus wurde zu einem der Hauptkennzeichen des imperialistischen Deutschlands, das sich zu einer der aggressivsten imperialistischen Mächte entwickelte.

In dieser Situation gewannen die Naturwissenschaften eine ganz besondere Bedeutung, vor allem für das imperialistische Deutschland. Die Errichtung von Forschungsinstituten hatte mit der gewaltigen Entwicklung der Wissenschaft in der Welt nicht Schritt gehalten. Viele Staaten des Auslandes, insbesondere die Vereinigten Staaten von Amerika, England und Frankreich, aber auch kleinere wie Schweden, waren im Begriff, Deutschland zu überflügeln. Da in dieser Beziehung zu Beginn des 20. Jahrhunderts in Deutschland die vorhandenen Forschungsstätten in keiner Weise ausreichten, empfahl Adolf von Harnack in einer Denkschrift betreffend die Errichtung der Kaiser-Wilhelm-Gesellschaft für naturwissenschaftliche Forschung vom 11. November 1909 in erster Linie die Schaffung neuer Institute für Chemie und Physik, Biologie und experimentelle Medizin. Er wies darauf hin, daß in den kapitalistischen Staaten sehr hohe Aufwendungen für die Förderung der naturwissenschaftlichen Forschungen gemacht würden. Da deren Ergebnisse diesen Staaten zugute kamen und die Ausbreitung des kulturellen und politischen Einflusses Amerikas, Englands und Frankreichs förderten, trugen auch die imperialistischen Kreise Deutschlands der Empfehlung HARNACKS zur Neugründung zahlreicher naturwissenschaftlicher Institute, die jedoch nicht der Akademie angegliedert wurden, Rechnung.

Nach der 100-Jahr-Feier der Berliner Universität wurde am 11. Januar 1911 die „Kaiser-Wilhelm-Gesellschaft zur Förderung der Wissenschaften“ mit einem Stiftungskapital von 15 Millionen Reichsmark und jährlichen Mitgliedsbeiträgen von weit über 100000 Reichsmark gegründet. Hinter dieser Gründung standen die Vertreter des Monopolkapitals, die am stärksten an den Ergebnissen der Forschung interessiert waren. Sie waren in der neuen Vereinigung von „Mäzenaten“, die sich über die „ganze Monarchie“ erstreckte, vor allem im leitenden Organ der Gesellschaft, dem Senat, einflußreich vertreten. In ihm und im Verwaltungsausschuß saßen unter anderen im Laufe der Zeit KRUPP VON BOHLEN und HALBACH, VÖGLER, BOSCH, THYSSEN, RÖCHLING und SCHACHT.

Die Kaiser-Wilhelm-Gesellschaft gründete zunächst einige große Institute, in denen die Naturwissenschaften nach ihrer theoretischen Seite hin gepflegt wurden, wie in den Instituten für Physik, Chemie, physikalische Chemie und Elektrochemie sowie für Biochemie und Biologie. Später hat die Gesellschaft vor allem ihre Aufgabe darin gesehen, mehr Institute für angewandte Physik und Chemie zu errichten, in denen besonders die chemisch-biologisch-physikalische Erforschung der für ihre Geldgeber in der deutschen Großindustrie wichtigsten Rohstoffe bzw. ihre technische Erprobung vorgenommen werden sollte, so im Kaiser-Wilhelm-Institut für Kohlenforschung in Mühlheim (Ruhr) oder dem Institut für Eisenforschung in Düsseldorf. Während die Gesellschaft vor dem ersten Weltkrieg 7 Institute besaß, erhöhte sich deren Zahl während des Krieges auf 15, von denen viele direkt für militärische Zwecke arbeiteten. Im Jahre 1936 verfügte die Gesellschaft über 32 Institute.

So war mit der Kaiser-Wilhelm-Gesellschaft neben der Akademie ein großes Forschungszentrum entstanden. Die Akademie stellte zwar aus den Reihen ihrer Mitglieder Institutsdirektoren oder war durch gewählte Mitglieder in den Kuratorien und wissenschaftlichen Beiräten der Institute vertreten. Sie hatte aber auf die Organisation und die Forschungsziele der neuen Gesellschaft keinen nennenswerten Einfluß. Die naturwissenschaftliche Grundlagenforschung in Deutschland wurde von jetzt an in der Hauptsache neben den Universitäten von der Kaiser-Wilhelm-Gesellschaft betrieben, die großzügig ausgestattet, mit finanziellen Mitteln versehen, erfolgreich die Bearbeitung naturwissenschaftlicher Fragen in Angriff nehmen konnte.

In den Jahren nach dem ersten Weltkrieg ging ein beträchtlicher Teil des Vermögens, eingeschlossen die Stiftungskapitalien der Akademie, durch die Inflation verloren. Im Jahre 1920 schloß sie sich mit den anderen deutschen Akademien, dem Verband deutscher Hochschulen, der Kaiser-Wilhelm-Gesellschaft und anderen wissenschaftlichen Vereinigungen zur „Notgemeinschaft der deutschen Wissenschaft“ zusammen, deren langjähriger Präsident das Ehrenmitglied der Akademie FRIEDRICH SCHMITT-OTT gewesen ist. Die Notgemeinschaft beschränkte sich zunächst auf einige Hauptaufgaben, wie zum Beispiel in der Druckunterstützung für Zeitschriften und Fortsetzungswerke der Einzelforschungen, die Bereitstellung von Apparaten, Instrumenten und Arbeitsmaterial, in der Züchtung von Versuchstieren, in Lieferung von Auslandsliteratur und damit verbundener Bibliothekshilfe, in der Verleihung von Forschungsstipendien und in der Förderung von Forschungsreisen und Ausgrabungen. So finanzierte sie die Deutsch-Atlantische Expedition von 1927 bis 1929 zur systematischen Meeresforschung. Im Jahre 1928 rüstete sie gemeinsam mit der Leningrader Akademie die Altai-Pamir-Expedition aus und unternahm 1930 unter der Leitung ALFRED WEGENERS eine große Expedition nach Grönland.

Während die Entwicklung der Naturwissenschaften in erster Linie durch die Kaiser-Wilhelm-Gesellschaft gefördert wurde, bemühte sich auch die Akademie, aus dem Bereich rein theoretischer Forschung herauszutreten. Sie versuchte 1930 mittels einer Denkschrift an die Regierung die Errichtung von eigenen naturwissenschaftlichen Instituten, wie z. B. für theoretische Physik, zu erreichen. Weiterhin wünschte sie die Eingliederung des Astrophysikalischen Observatoriums, des Meteorologischen Instituts, des Geodätischen Instituts und der Biologischen Reichsanstalt. Diese Wünsche der Akademie wurden aber nicht berücksichtigt. Das Wirken der Akademie beruhte nach wie vor im wesentlichen auf der schöpferischen wissenschaftlichen Arbeit ihrer Mitglieder. Der Ruf der Akademie wurde in der ganzen Welt durch die Mitgliedschaft hervorragender Gelehrter verbreitet. Aus dem Kreise der in der Zeit von 1848 bis 1945 gewählten ordentlichen Mitglieder seien genannt: Die Ägyptologen RICHARD LEPSIUS und ADOLF ERMAN, der Physiologe EMIL DU BOIS-REYMOND, der Mathematiker KARL WEIERSTRASS, der Historiker THEODOR MOMMSEN, der klassische Philologe ERNST CURTUS, der Anatom RUDOLF VIRCHOW, der Kirchenhistoriker ADOLF VON HARNACK, der Bakteriologe ROBERT KOCH, die Physiker WALTHER NERNST, HERMANN VON HELMHOLTZ, MAX PLANCK und ALBERT EINSTEIN, der Kunsthistoriker HEINRICH WÖLFFLIN, der Chemiker EMIL FISCHER und der Chirurg FERDINAND SAUERBRUCH. Zu den auswärtigen Mitgliedern zählten unter anderem die Chemiker JUSTUS VON LIEBIG und ROBERT BUNSEN, der Naturforscher CHARLES DARWIN, die Physiker WILHELM CONRAD RÖNTGEN und WILLIAM THOMPSON LORD KELVIN OF LARGS sowie der Astronom GIOVANNI VIRGINIO SCHIAPARELLI. Korrespondierende Mitglieder waren in diesen Jahren weltbekannte Forscher wie die Physiker ANDERS JONAS ANGSTRÖM, HEINRICH HERTZ, ERNST ABBE, HENDRIK ANTOON LORENTZ und SIR ERNEST RUTHERFORD, die Chemiker DIMITRIJ MENDELEJEV und WILHELM OSTWALD. In den Reihen der Ehrenmitglieder stand der Physiker LUDWIG BOLTZMANN.

Im Jahre 1933 kam in Deutschland der Hitlerfaschismus an die Macht. Mit ihm ist alles Negative verbunden, was menschlicher Ungeist hervorbringen und unmenschliches Handeln erreichen konnte. Hitlerfaschismus bedeutete nicht nur die Konzentration der ökonomischen und politischen Macht in den Händen der raubgierigsten Kräfte des deutschen Imperialismus und die Knebelung und Unterdrückung aller demokratischen Kräfte — vor allem der Arbeiterklasse —, Hitlerfaschismus bedeutete auch Aufrüstung und Krieg zur Eroberung der Weltherrschaft und zur Vernichtung ganzer Völker. Hitlerfaschimsus hieß aber auch Niedergang und Zerstörung der Kultur und Wissenschaft überall dort, wo er zeitweilig seine Macht ausüben konnte — vor allem in Deutschland selbst. Der geistige Niedergang in Deutschland und die damit zusammenhängende sittliche Verrohung beträchtlicher Teile unseres Volkes ist in ihren Ausmaßen eine einzig dastehende Erscheinung.

Der Niedergang der Kultur und Wissenschaft unter dem Hitlerfaschismus schloß nicht nur die Verjagung bedeutender Gelehrter von Universitäten, Hochschulen und aus Akademien, die physische Vernichtung von Wissenschaftlern oder ihre Vertreibung ins Ausland, die Zerstörung wissenschaftlicher Einrichtungen, Bücherverbrennungen, die sinkende Zahl der Studierenden in Deutschland und die ständig geringer werdende Qualität des Studiums ein; zu ihm gehörte auch die Diskreditierung der Intelligenz, die negative Einstellung zu Naturwissenschaften einerseits und die Degradierung der Gesellschaftswissenschaften zur Nazipropaganda andererseits. Dementsprechend gehörten zum Hauptinhalt der „Bildungsarbeit" die Geschichtsfälschungen, die Lebensraum-„Theorien" und die faschistische „Rassentheorie", während in den Naturwissenschaften und in der Technik das gefördert wurde, was der Erreichung der räuberischen Ziele dienen konnte.

Hitlerfaschismus in Kultur und Wissenschaft war umfassende Feindschaft gegen Kultur und Wissenschaft — eine Feindschaft, die sich notwendigerweise aus dem Charakter des Faschismus und aus seiner Zielsetzung ergeben mußte. Von dieser Feindschaft blieb auch die Akademie nicht verschont. Die ersten Versuche und Handlungen der Hitlerdiktatur, die dem Ziel dienten, Einfluß auf die Akademie zu gewinnen, begannen bald nach der Errichtung der Hitlerherrschaft. Zwar waren in der ersten Periode nach der Errichtung der faschistischen Diktatur solche Versuche mehr sporadischer Natur, und sie blieben auf die Durchsetzung einzelner begrenzter Ziele beschränkt. Gleichzeitig wurden jedoch auch durch staatliche Eingriffe, Maßnahmen, Entscheidungen und Anweisungen gegenüber wissenschaftlichen Institutionen insgesamt zugleich „Vorarbeiten" geleistet für den für einen späteren Zeitpunkt geplanten umfassenden Feldzug gegen die deutsche Intelligenz. Unter der Fülle solcher Handlungen befindet sich eine beträchtliche Zahl von Verfügungen und Anweisungen, die auch durch die Akademie und in der Akademie zu beachten waren. Zu ihnen zählten nicht zuletzt jene mit ausgesprochen antisowjetischem Charakter.

Das Bestreben der Hitlerregierung war seit 1933 — entsprechend der antikommunistischen und antisowjetischen Grundlinie der faschistischen Politik — darauf gerichtet, die Beziehungen zur Sowjetunion auf das für sie unbedingt notwendige Maß zu beschränken und gleichzeitig so auszunutzen, daß die noch verbleibenden Beziehungen der aggressiven Innen- und Außenpolitik Hitlerdeutschlands von Nutzen sein konnten. Dazu gehörten auch die Bestrebungen, die jahrhundertelangen Verbindungen und Beziehungen der Wissenschaftler beider Länder einzuschränken. Das geschah sowohl mit propagandistischen als auch mit staatlichen Mitteln. Obwohl bereits in den ersten Jahren der faschistischen Diktatur einschränkende Bestimmungen erlassen wurden und die persönlichen Kontakte und Tagungsbesuche der Wissenschaftler beider Länder praktisch zum Erliegen gekommen waren, genügte das den faschistischen Machthabern nicht. Der „Reichs- und preußische Minister für Wissenschaft, Erziehung und Volksbildung" verbot schließlich Anfang 1937 „grundsätzlich" jeden wissenschaftlichen Schriftverkehr deutscher Gelehrter mit wissenschaftlichen Stellen oder Gelehrten in der Sowjetunion.[1]

[1] In diesem „vertraulichen" Schreiben vom 19. Februar 1937 heißt es unter anderem: „Im Nachgange zu meinem Runderlaß ... vom 17. Juni 1936, betr. die Überlassung von Fachaufsätzen und die Unterhaltung von Tauschbeziehungen nach Sowjetrußland, ordne ich an,

Es gehörte zur Tradition und zu den Aufgaben der Sitzungen des Plenums der Akademie, in ihrem geschäftlichen Teil u. a. auch staatliche Verfügungen „zur Kenntnis“ zu nehmen. Während es bei solchen Vorlagen im allgemeinen zu keinen besonderen Bemerkungen kam, hat es zu diesem Verbot des wissenschaftlichen Schriftverkehrs deutscher Gelehrter mit Wissenschaftlern der Sowjetunion im Plenum der Akademie und in einer Kartellsitzung der deutschen Akademien am 24. April 1937 eine Diskussion gegeben. Aus dem Protokoll der Sitzung der Gesamt-Akademie vom 4. März 1937 geht hervor, daß der Vorsitzende zunächst eine „authentische Interpretation“ einholen wollte. Die Aussprache in der Kartellsitzung, die gleichzeitig auch über die rigorosen Einschränkungen in der Reisetätigkeit geführt worden war, führte u. a. zur Feststellung, daß diese Maßnahmen „mit der Zeit zu einer schweren Schädigung des wissenschaftlichen Verkehrs mit dem Ausland führen müssen“.

Für die deutschen Wissenschaftler war damit jeder ernsthafte wissenschaftliche Kontakt zur UdSSR verboten, ein Kontakt, der ganz allgemein üblich ist und der in der Regel zum wissenschaftlichen Fortschritt, zum gegenseitigen Verständnis und zu friedlichen Beziehungen beiträgt. Der Hitlerfaschismus benötigte ein solches Verbot — nicht zuletzt deshalb, um seine ideologischen Kriegsvorbereitungen leichter vorantreiben zu können.

Zur Ehre der Akademie kann gesagt werden, daß es dem Faschismus in jener Zeit kaum gelang, bedeutenderen Einfluß auf die Akademie zu gewinnen. Noch im Sommer 1934 beglückwünschte der Vorsitzende die Universität Tomsk zum 50jährigen Bestehen der Universität im Namen der Akademie, und selbst im Dezember 1936 war es noch möglich, in der Gesamtsitzung des Plenums zu „J. P. Pawlows Lehre von den Verrichtungen des Großhirns“ zu sprechen, Handlungen, die schon wenige Jahre danach völlig unmöglich waren.

Die Aggressivität des Hitlerfaschismus gegen die deutsche Wissenschaft nahm in dem Maße zu, in dem er auch nach außen aggressiver auftrat. Walter Ulbricht schrieb dazu: „Die faschistischen Machthaber eröffneten ihren Feldzug gegen die deutsche Intelligenz in einer Situation, wo sie den neuen Raubzug gegen die Tschechoslowakei im Schilde führten, mit Mussolini ein ‚Mittelmeer-München‘ vorbereiteten und befürchten mußten, daß die Opposition im eigenen Lande aktiver auftreten werde als im September.“ Dieser Feldzug wurde nunmehr auch gegen die Akademie geführt. Er hatte vor allem zum Ziel, die faschistischen Rassengesetze rücksichtslos auch in der Akademie durchzusetzen, jegliche innerakademischen Freiheiten zu beseitigen und das Führerprinzip in der Akademie zum obersten Prinzip zu erheben und die Forschungskapazität der Akademie den faschistischen Zielen völlig unterzuordnen.

Die Periode 1938/1939 wurde so zu einer Periode des Umschwungs in der Politik und Taktik der faschistischen Führung gegenüber der Akademie mit dem Ziel, sie „in den Griff“ zu bekommen und umfassend in den Dienst des Faschismus zu stellen.

Ein besonders schändliches Kapitel betrifft das der rücksichtslosen Durchsetzung der faschistischen Rassengesetze in der Akademie.

daß jeder wissenschaftliche Schriftverkehr deutscher Gelehrter mit wissenschaftlichen Stellen oder Gelehrten in der Sowjetunion grundsätzlich zu unterbleiben hat. Wenn im einzelnen Fall ein derartiger Verkehr nach dortiger Auffassung im staatlichen Interesse liegen könnte, ist mir in jedem Einzelfall Bericht zu erstatten, Eine Entscheidung behalte ich mir vor ...“

Begonnen 1933 mit dem Kesseltreiben gegen den demokratischen Gelehrten und weltbekannten theoretischen Physiker ALBERT EINSTEIN (Abb. 14), steigerten sich die Forderungen, Handlungen und Anordnungen der Hitlerregierung, je mehr das Regime seine Macht festigte. Anfang 1937 begann seitens des faschistischen Staatsapparates eine organisierte Aktion gegen die sogenannten „nichtarischen“ Mitglieder in deutschen Akademien. Die Preußische Akademie, die bisher aus rassischen Gründen kein Mitglied ausgeschlossen hatte, führte mit anderen deutschen Akademien im Jahre 1937 auf Initiative der Sächsischen Akademie mehrere Kartellsitzungen durch. Im engen Kontakt mit diesen Akademien kam es zu einer Eingabe an den „Reichserziehungsminister“. In dieser Eingabe, zu der außer der Akademie in Berlin und derjenigen in Leipzig auch die in Göttingen, München und Heidelberg Stellung genommen hatten, kam zum Ausdruck, daß die Akademien einen Ausschluß „nichtarischer“ Mitglieder als „untragbar“ betrachten müßten.

Abb. 14. ALBERT EINSTEIN
Ordentliches Mitglied von 1913 bis 1933
(14. 3. 1879 bis 18. 4. 1955)

Im Herbst 1938 holte dann das faschistische Regime von sich aus zum umfassenden Schlag gegen diese Mitglieder in der Akademie aus. Am 8. Oktober 1938 „ersuchte“ der „Reichsminister für Wissenschaft, Erziehung und Volksbildung“ „die Satzungen der Akademie entsprechend den Grundanschauungen auf denen das staatliche und geistige Leben der deutschen Gegenwart beruht, umzugestalten“ und „mir die Neufassung zur Genehmigung vorzulegen“. In einem ergänzenden Schreiben vom 22. November 1938 wurden nähere „Richtlinien“ übermittelt.[1]

[1] In diesem Schreiben hieß es unter anderem:
„Sofort! ...
Im Nachgang zu meinem Erlaß vom 8. Oktober d. Js. ... ersuche ich bei der von mir angeordneten Umgestaltung der Satzungen nach folgenden Richtlinien zu verfahren ...“
...
„Mit der Aufnahme einer Satzungsbestimmung, daß ordentliche Mitglieder nur Reichsbürger sein können, wird gewährleistet, daß Juden im Sinne des Reichsbürgergesetzes in Zukunft nicht mehr gewählt werden können. Selbstverständlich ist dieser Grundsatz bei der Wahl der korrespondierenden Mitglieder oder Ehrenmitglieder entsprechend zu beachten. Ich werde meinerseits auch der Wahl eines ausländischen Mitgliedes die Bestätigung versagen,

Eine Reihe von Mitgliedern der Akademie legten — vom damaligen Vorsitzenden der Akademie vertraulich über die faschistischen Pläne in Kenntnis gesetzt — ihre Mitgliedschaft nieder; Mitglieder, die in der deutschen und in der Weltwissenschaft hervorragende Leistungen aufzuweisen hatten, deren Namen bekannt und geachtet waren und die zum Weltruhm der deutschen Wissenschaft beigetragen hatten, wie z. B. der Altphilologe EDUARD NORDEN, der Kunsthistoriker ADOLF GOLDSCHMIDT, der Mathematiker ISAI SCHUR, der Historiker OTTO HINTZE und der Nationalökonom MAX SERING. Die Preußische Akademie der Wissenschaften verlor in jener finsteren Periode der deutschen Geschichte etwa 8% ihrer Mitglieder. (Die Akademie hielt es nach dem Zusammenbruch des Faschismus für ihre Ehrenpflicht, jene Wissenschaftler als Mitglieder weiterzuführen, und sie fühlt sich mit ihnen eng verbunden.)

Abb. 15. MAX PLANCK
Ordentliches Mitglied seit 1894
(23. 4. 1858 bis 4. 10. 1947)

Zur gleichen Zeit begann auch der verschärfte Kurs der faschistischen Regierung zur Liquidierung der innerakademischen Freiheiten und zur Durchsetzung des „Führerprinzips".

In dem bereits erwähnten Ersuchen des „Reichsministers für Wissenschaft, Erziehung und Volksbildung" vom 8. Oktober 1938 zur Änderung der Satzungen der Akademie wird offiziell gefordert, „daß hinsichtlich der Gesamtvertretung und der Leitung der Akademie das Führerprinzip durchgeführt wird".

In dem ebenfalls erwähnten Schreiben vom 22. November 1938 wird als „Richtlinie", nach der zu verfahren war, angegeben: „Der Präsident, der Vizepräsident und die beiden Sekretare werden aus der Zahl der ordentlichen Mitglieder von mir ernannt. Das Vorschlagsrecht der Akademie bleibt hierbei bestehen ..."

Der in jenen Wochen und Monaten immer sichtbarer werdende Widerstand größerer Teile des Plenums und selbst der Rücktritt der vier Sekretare am 22. De-

wenn dieser Jude im Sinne des Reichsbürgergesetzes ist ... Hinsichtlich der ausländischen korrespondierenden Mitglieder, die Juden im Sinne des Reichsbürgergesetzes sind, werde ich nach Anhören des Auswärtigen Amtes weitere Anweisungen ergehen lassen.
Den heutigen weltanschaulichen Grundsätzen entspricht es auch, daß Mischlinge und jüdisch versippte Mitglieder aus der Akademie ausscheiden. Ihnen gegenüber ist daher ebenso zu verfahren, wie gegenüber jüdischen Mitgliedern ..."

zember 1938 mit Max Planck an der Spitze konnte den Angriff des Faschismus nicht mehr aufhalten (Abb. 15). Das auch deshalb nicht, weil das faschistische Regime u. a. mit dem Wust seiner Ideologie auch in Kreisen der Akademiemitglieder selbst Einfluß gewonnen hatte und die bürgerlich-demokratischen Kräfte sowohl unter dem Eindruck der faschistischen Gewaltherrschaft standen, als aber auch der in der Akademie in der Vergangenheit verbreiteten Meinung, Wissenschaft und Politik voneinander trennen zu müssen, huldigten und sich damit auch z. T. selbst isoliert hatten.

Bereits zwei Tage später ernannte der „Reichsminister für Wissenschaft, Erziehung und Volksbildung“ kommissarisch eine neue Leitung der Akademie, die dann im Sommer 1939 nach Bestätigung des den „Richtlinien“ entsprechenden Statuts der Akademie offiziell „ernannt“ wurde.[1]

Vieles Folgende war dann nur noch ein Hohn auf die innerakademischen Freiheiten und auf das Prinzip der Leitung der Wissenschaft durch Wissenschaftler. Durch Änderung der Geschäftsordnung, die am 11. März 1940 in Kraft gesetzt wurde, wurde zum Beispiel die sogenannte Kugelung“ [Ballotage], d. h. die geheime Wahl von Mitgliedern, durch offene Abstimmung ersetzt, und nur mit Mühe konnten die Forderungen der Hitlerregierung abgewehrt werden, selbst Mitglieder ernennen zu können.

Das Hineinregieren faschistischer Staats- und Parteiinstanzen in die Akademie wurde zur fast alltäglichen Erscheinung. Obwohl zum Beispiel mit Beginn des faschistischen Krieges die Auslandsreisen — die schon in der Vorkriegszeit nur nach strengster Prüfung und Kontrolle und nur in geringer Zahl als Dienstreisen durchgeführt werden konnten —, fast völlig zum Erliegen kamen, wurden zur sogenannten Sicherung des „Reichsinteresses“ die Bestimmungen und Kontrollen weiter verschärft. Selbst Glückwunschadressen der Akademie an ausländische wissenschaftliche Institutionen bedurften der Zustimmung des „Auswärtigen Amtes“ bzw. wurden von diesem aus den Empfängern übermittelt.

Verschiedentlich hatte die Akademie nicht das Recht, ihr Jahrbuch selbst zu versenden. Die Übermittlung des Jahrbuches an ausländische politische Persönlichkeiten geschah z. B. auf Grund eines „Erlasses“ des Auswärtigen Amtes und durch diplomatische Vertreter. Sogar der sogenannte NS-Dozentenbund konnte nicht zurückstehen und begann noch Ende 1944 mit der „Vorbereitung einer Behandlung der Frage der Akademien“ mit dem Ziel der stärkeren Einflußnahme, u. a. auch auf die Preußische Akademie der Wissenschaften.

Die wissenschaftliche Forschungsarbeit der Akademie — materiell und personell ohnehin kurz gehalten und seit 1939 von der Weltwissenschaft abgeschnitten —[2] hat sich zum Teil der faschistischen Einflußnahme erwehren können. Abgesehen von der Aufgabenstellung mancher wissenschaftlicher Unternehmungen und abgesehen von verschiedenen Vorträgen in Klassen- und Plenarsitzungen zeigt

[1] Die Preußische Akademie wurde seit der Bestätigung des neuen Statuts 1939 bis zum Ende des Faschismus nicht von einem gewählten Präsidenten geleitet. Die Leitung wurde durch einen Vizepräsidenten ausgeübt. Mehrere Versuche der Akademie, hier eine Änderung herbeizuführen, führten schließlich zunächst zum „Wunsch“ des zuständigen Reichsministers, „vorläufig von der Wahl eines Präsidenten Abstand zu nehmen“, und, als die Akademie diesem Wunsch nicht entsprechen zu können glaubte, schließlich zu einer „Untersagung ... jeder Handlung, die im Zusammenhang mit der Präsidentenwahl stehen könnte“.

[2] Der Etat für das Rechnungsjahr 1944 betrug 552000 RM. Im Jahre 1946 erhielt die Akademie bereits 905000 DM Haushaltsmittel und 14299000 DM Investitionsmittel.

sich doch, daß es auf diesem Gebiet dem faschistischen Staat nicht gelungen ist, in die Akademie — besonders in das eigentliche Gelehrtengremium — tiefer einzudringen. Allerdings wurden mit Beginn des faschistischen Raubkrieges auch die Möglichkeiten der Forschung enger und enger — insbesondere seit den Jahren 1942/1943, als durch die vernichtenden Schläge an der sowjetisch-deutschen Front die faschistische Armee immer größere Verluste hinnehmen mußte und in Deutschland selbst durch die alliierten Luftangriffe der Krieg auf seine Urheber zurückschlug.

Seit dieser Zeit häuften sich in der Akademie allgemeine „Erlasse", „Schnellbriefe", „Weisungen" und dergleichen mehr von „Ministern", „Gauleitern", „Gauwirtschaftskammern", „Reichsverteidigungskommissaren" mit Forderungen zur „Freimachung von Arbeitskräften" für den Bedarf der Rüstungsindustrie, der Wehrmacht, der Reichspost, für Katastropheneinsätze und schließlich für den „Volkssturm".

Die Wiener Akademie der Wissenschaften teilte im September 1944 der Preußischen Akademie mit, daß die Lage der Wiener Akademie so sei, „daß für jede Kraft ..." die benannt wird, „... je ein wissenschaftliches Unternehmen stillgelegt wird". Sie fragte deshalb an, wie die Preußische Akademie „das Problem der Kräfteabgabe" gelöst habe. Zu jener Zeit war jedoch bereits bei der Preußischen Akademie der Wissenschaften die wissenschaftliche Arbeit, besonders die der akademischen Kommissionen, praktisch zum Erliegen gekommen. Die einzige wesentliche Ausnahme bildete die „Reichszentrale für wissenschaftliche Berichterstattung"[1], die trotz vieler materieller Verluste durch Luftangriffe bis in die letzten Kriegswochen hinein gearbeitet hat — allerdings fast ausschließlich im Auftrage der Rüstungsindustrie und der Wehrmacht.

Mit Zunahme der Luftangriffe auf Berlin wurden auch die Schwierigkeiten größer, Sitzungen der Akademiemitglieder durchzuführen. Abgesehen davon, daß seit Januar 1944 die Sitzungen der Gesamtakademie „bis zur Wiederherstellung der Sitzungssäle im Luftschutzkeller" stattfanden, nahmen auch die Schwierigkeiten durch die Auslagerung wissenschaftlicher Materialien, durch Vernichtung von Unterlagen während der Luftangriffe ab November 1943, durch die Einstellung des Druckes wissenschaftlicher Arbeiten wegen der Zerstörung von Druckereien und schließlich auch durch die Einschränkung der Benutzung der Berliner Verkehrsmittel ständig zu, so daß im Frühjahr 1945 die Arbeit fast unmöglich wurde.

Der Hitlerfaschismus hatte auch die deutsche Wissenschaft und mit ihr die Preußische Akademie der Wissenschaften an den Rand des Ruins gebracht. Der Tag der Befreiung Deutschlands aus finsterster Barbarei und grausamstem Terror war auch der Tag der Befreiung der humanistischen deutschen Wissenschaft und Kultur durch die Mächte der Antihitlerkoalition, deren führende, stärkste und für den Ausgang des Kampfes entscheidende Kraft die UdSSR war.

[1] Die Reichszentrale war keine Einrichtung der Akademie. Sie wurde von einer akademischen Kommission betreut.

II.

DIE DEUTSCHE AKADEMIE DER WISSENSCHAFTEN ZU BERLIN UND IHRE ENTWICKLUNG BIS ZUR GEGENWART

(1945—1966)

Der 8. Mai 1945 beendete die faschistische Schreckensherrschaft in Europa. Das deutsche Volk hatte, wie es im Potsdamer Abkommen heißt, „die furchtbaren Verbrechen zu büßen, die unter der Leitung derer ... begangen wurden ..., welche es zur Zeit ihrer Erfolge offen gebilligt hat und denen es blind gehorcht hat". Die Alliierten wollten dem deutschen Volk aber auch „die Möglichkeit geben, sich darauf vorzubereiten, sein Leben auf einer demokratischen und friedliebenden Grundlage von neuem wieder aufzubauen. Wenn die eigenen Anstrengungen des deutschen Volkes unablässig auf die Erreichung dieses Zieles gerichtet sein werden, wird es ihm möglich sein, zu gegebener Zeit seinen Platz unter den freien und friedlichen Völkern der Welt einzunehmen." Diesen Weg zu beschreiten hieß nicht nur Beseitigung der Zerstörungen, des Hungers und des Chaos, das der Faschismus hinterlassen hatte, hieß auch nicht nur Wiedergutmachung gegenüber den Ländern, die vom Faschismus verwüstet worden waren. Der Aufbau eines neuen Lebens auf demokratischer und friedlicher Grundlage erforderte einen radikalen Bruch mit der reaktionären deutschen Vergangenheit und eine revolutionäre Umwälzung aller Bereiche des gesellschaftlichen und politischen Lebens einschließlich der Umerziehung eines ganzen Volkes im Geist des Friedens, des Humanismus, der Demokratie und der Völkerfreundschaft und einschließlich der Entwicklung der wahrhaft humanistischen deutschen Kultur und Wissenschaft. Ein solcher Weg konnte nur erfolgreich sein, wenn die stärkste gesellschaftliche Kraft, die Arbeiterklasse, einig war, von einer revolutionären Partei geführt wurde und an der Spitze aller antifaschistisch-demokratischen Kräfte stand — und die Alliierten selbst ihren verkündeten Idealen treu bleiben würden. Daß in einem Teil Deutschlands, in der heutigen Deutschen Demokratischen Republik, aus dieser Möglichkeit Wirklichkeit werden konnte, bleibt das historische Verdienst der deutschen Antifaschisten und der Sowjetunion, die als einzige der großen Siegermächte den gemeinsam verkündeten Idealen die Treue hielt.

Die Akademie — seit Jahrhunderten hohe wissenschaftliche und gelehrte Gesellschaft mit großen Erfolgen und bedeutenden Verdiensten — war in der Vergangenheit zugleich aber auch eine Einrichtung, die bewußt durch die jeweils herrschenden Klassen vom Volke ferngehalten worden war, die aber auch selbst wenig getan hatte, um Verbindungen zum Volke zu erhalten. Die Wahrheit, daß die Wissenschaft nicht außerhalb der Gesellschaft existiert, nicht vom gesellschaftlichen Leben getrennt werden kann, hatte auch sie in der Periode des Faschismus grausam zu spüren bekommen. Der Prozeß der revolutionären Umgestaltung mußte deshalb auch die Akademie einschließen und schloß sie auch mit ein.

Diejenigen, die bereits unmittelbar nach dem Zusammenbruch des Faschismus bereit waren, die Lehren aus der Vergangenheit auch in der Akademie zu ziehen, standen nicht allein. Sie wurden tatkräftig unterstützt durch jene Aktivisten der ersten Stunde in den Verwaltungen in Berlin, die die Verantwortung für die antifaschistisch-demokratischen Umgestaltungen in den Bereichen der Wissenschaft trugen. Sie wurden ebenso tatkräftig unterstützt durch Vertreter der sowjetischen Besatzungsbehörden und hoher wissenschaftlicher Institutionen der UdSSR.

Abb. 16. Johannes Stroux
Präsident der Akademie vom 1. 7. 1946 bis 3. 5. 1951
(25. 8. 1886 bis 25. 8. 1954)

Die ersten Schritte mußten angesichts der allgemein katastrophalen Zustände, die der Faschismus hinterlassen hatte, getan werden: Die Gebäude waren zerstört, das wissenschaftliche Material zum Teil vernichtet, zum Teil ausgelagert. Nur von wenigen Mitgliedern und Mitarbeitern der Akademie waren die letzten Adressen bekannt. Andere konnten wegen der zerstörten Nachrichten- und Verkehrsmittel nicht oder nur schwer erreicht werden. Trotz dieser und anderer Schwierigkeiten wurde mit dem Neuaufbau begonnen.

Bereits am 6. Juni 1945 fand die erste außerordentliche Sitzung der Gesamtakademie in Berlin-Zehlendorf statt, an der in Berlin verbliebene Akademiemitglieder teilnahmen, Diese Sitzung beschäftigte sich mit einer Bestandsaufnahme, mit der Frage einer Satzung und der Leitung der Akademie. Akademiemitglied Johannes Stroux (Abb. 16), der spätere erste Präsident der Deutschen Akademie der Wissenschaften zu Berlin, wurde mit der Wahrnehmung der Geschäfte des Präsidenten beauftragt. In verschiedenen im Juni 1945 geführten Besprechungen mit Vertretern des Magistrats wurde — ausgehend von der Erkenntnis der Notwendigkeit der Erhaltung der Akademie für das deutsche Geistesleben — über Fragen der materiellen Sicherstellung zur Weiterführung der Arbeiten beraten — eine Tatsache, die angesichts der allgemeinen Notlage und auch angesichts dessen, daß die Akademie seit 1933 geldlich nie gefördert worden war, besondere Beachtung verdient. In diesen Gesprächen waren sich die Vertreter des Magistrats und der Akademie darüber einig, daß das der Akademie 1939 zudiktierte Statut durch ein anderes ersetzt werden mußte. Die in den folgenden Wochen stattfindenden Beratungen in der Akademie über eine neue vorläufige Satzung gingen davon aus, daß auch die Satzungen, die vor 1933 Gültigkeit hatten, nicht mehr den jetzigen Bedürfnissen entsprachen. In der neuen vorläufigen Satzung wurde alles entfernt, was 1939 von der faschistischen Regierung der Akademie aufgezwungen worden war. In der Sitzung der Gesamtakademie am 21. Juni 1945 wurde die neue vorläufige Satzung bestätigt und das Präsidium der Akademie gewählt. Noch im gleichen Monat fand auch der erste Kontakt mit Vertretern der Sowjetischen Militäradministration statt, deren Vertreter, Oberst Berdeli, an einer Besprechung mit Vertretern des Magistrats und der Akademie teilnahm und sich für die Weiterführung der Akademie und für die Genehmigung der Satzung einsetzte. Von nun ab fanden wieder regelmäßige Sitzungen der Akademiemitglieder mit wissenschaftlichen Vorträgen statt, zunächst noch an verschiedenen Orten, ab Herbst 1945 im alten Akademiegebäude „Unter den Linden" (Abb. 17). Im Juli 1949 erhielt die Akademie ein Gebäude am „Platz der Akademie". (Seitdem 5. Sitz der Akademie).

Diesen ersten Schritten sollten weitere folgen. Aber schon sie waren Schritte in eine neue Zeit und deshalb nicht immer einfach und nicht ohne Kampf. Die Akademie trennte sich von einigen Mitgliedern und Mitarbeitern, die in der Periode des dritten Reiches als besonders prononcierte Vertreter Hitlerdeutschlands in Erscheinung getreten waren. Diese Tat entsprach auch dem Wesen nach dem Aufruf der Kommunistischen Partei Deutschlands vom 11. Juni 1945.

Im Juli 1945 wandte sich der Präsident, Johannes Stroux, an den Magistrat mit dem Vorschlag, die Akademie zu beauftragen, die geschichtswissenschaftlichen Institute — einschließlich der ehemaligen NS-Institute — zu erfassen, um zu verhindern, daß solche Institute durch unbefugte Kräfte weitergeführt werden könnten und zugleich mit dem Ziele, aus dem Wertvollen einen Mittelpunkt der geschichtlichen Forschung in Deutschland zu bilden. Diesem Antrag wurde entsprochen.[1] Von gleicher Stelle wurde auch einem Wunsch der Akademie zugestimmt, an den Vorarbeiten zur Neuordnung des Bildungswesens teilnehmen zu können.

In der Akademie gingen die Beratungen über die wissenschaftliche Tätigkeit und über deren Ziele weiter. Im Ergebnis dieser Beratungen wurden u. a. einige wissenschaftliche Kommissionen aufgelöst, andere entsprechend den damaligen Möglichkeiten und Notwendigkeiten in ihren Arbeiten eingeschränkt, alle wichtigen Unternehmungen der Akademie jedoch wieder in Gang gebracht.

Immer stärker fanden die fortschrittlichen Kräfte der Akademie auch bei Vertretern der UdSSR Unterstützung. Im November 1945 machte der sowjetische Major Boldyroff, Leningrad, Professor der Akademie der Wissenschaften der UdSSR bei Vertretern der Berliner Akademie einen Besuch, nicht nur mit dem Ziel, selbst zu helfen, sondern mit dem Auftrag der Akademie, festzustellen, wie diese direkte Hilfe leisten können.

Am 6. Dezember 1945 besuchte der bevollmächtigte Vertreter der Akademie der Wissenschaften der UdSSR, Professor Kulebakin, Mitglied der Akademie der Wissenschaften der UdSSR und Generalmajor der Roten Armee, offiziell die Akademie und nahm an der Sitzung des Plenums teil. Vor dem Plenarvortrag übermittelte Professor Kulebakin die Wünsche der Akademie der Wissenschaften der UdSSR für den Erfolg der Arbeiten der Akademie und erklärte u. a.:

[1] Diese vom Magistrat begonnene Aufgabe wurde nach der Bildung der Deutschen Zentralverwaltung für Volksbildung von dieser weitergeführt.

„Diese Sitzung betrachte ich als den Ausdruck freundschaftlichen Einvernehmens mit den Sowjet-Gelehrten und besonders mit der ganzen Akademie der Wissenschaften der UdSSR, deren ordentliches Mitglied zu sein ich die Ehre habe und als deren Bevollmächtigter ich mich jetzt in Deutschland befinde mit der Absicht, wissenschaftliche und arbeitsmäßige Verbindungen ... insbesondere mit der Preußischen Akademie der Wissenschaften aufzunehmen.
Wie bekannt, befanden sich unsere beiden Akademien mehr als zweihundert Jahre in enger wissenschaftlicher Zusammenarbeit, eine Tatsache, die eine hervorragende Rolle in der Geschichte der Weltwissenschaft gespiegelt hat...
Wir hoffen, daß jetzt, nach Beendigung des Krieges, die Zeit gekommen ist für die weitere Entwicklung und das weitere Gedeihen dieser Beziehungen, die sich in der Vergangenheit so hervorragend bewährt haben. Wir werden alles Mögliche tun, um die Lösung dieser Aufgaben herbeizuführen und selbst zu fördern ...
Ich erlaube mir hiermit, der festen Überzeugung Ausdruck zu geben, daß unsere gemeinsamen Arbeiten sich auf ein vollständiges, gegenseitiges Verstehen gründen werden und diese Zusammenarbeit dem Fortschritt der wissenschaftlichen Forschung in der ganzen Welt sowie dem Erreichen der Ideale, für die die gesamte fortschrittliche Menschheit kämpft, dienen wird ..."

Angesichts der Isolierung, in die der Hitlerfaschismus die deutsche Wissenschaft und mit ihr auch die Akademie gebracht hatte, angesichts des faschistischen Verbotes der Kontakte zu Wissenschaftlern der UdSSR und angesichts des gerade zu Ende gegangenen Krieges Hitlerdeutschlands gegen die Sowjetunion wird hier der humanistische Geist der sozialistischen Wissenschaft in der UdSSR besonders sichtbar. Ihre Vertreter waren es, die die Isolierung der deutschen Wissenschaft beendeten und der Akademie in jener schweren Zeit echte Hilfe erwiesen. Die Vertreter der sowjetischen Wissenschaft und der Sowjetischen Militäradministration sorgten gemeinsam mit der inzwischen gebildeten Deutschen Zentralverwaltung für Volksbildung, die anstelle des Magistrats von Berlin ab Ende 1945 die Betreuung der Akademie übernahm, für direkte materielle Hilfe auf verschiedensten Gebieten. Sie setzten sich u. a. für die beschleunigte Wiederherstellung des zerstörten Akademiegebäudes ein, und durch ihre Initiativen wurden auch persönliche materielle Sorgen der Wissenschaftler im Rahmen des Möglichen behoben. Als sich zeigte, daß das Fehlen wissenschaftlichen Materials, das während des Krieges in Bergwerke ausgelagert worden war, ein Hindernis für das schnellere Anlaufen verschiedener wissenschaftlicher Arbeiten darstellte, war es die Akademie der Wissenschaften der UdSSR, die von der Berliner Akademie konkrete Angaben erbat, wie und wo sie wirksame Hilfe leisten könnte. Auf ihr direktes Ersuchen stellten die sowjetischen Militärbehörden beträchtlichen Transportraum zur Rückführung des in Schächten gelagerten wissenschaftlichen Materials bereit. In einer Aufzeichnung der Akademie für die Akademie der Wissenschaften der UdSSR wird denn auch zu Recht gesagt: „Der sowjetrussischen Schwesterakademie ist die Akademie in Berlin zu großem Dank verbunden für das wirksame Eintreten in dieser Angelegenheit. Dies bedeutet nicht nur ein Verdienst um die wissenschaftlichen Interessen und Beziehungen Sowjetrußlands und Deutschlands, sondern einen wesentlichen Faktor für die Förderung der Wissenschaften der Welt überhaupt."

Im Zusammenhang mit verschiedenen Beratungen über die künftige Stellung der Akademie, die ihrerseits zum Klärungsprozeß in der Akademie weiter beitrugen, setzte sich mehr und mehr die Auffassung durch, daß die Akademie künftig ein bedeutendes Zentrum wissenschaftlicher Forschungsarbeit in Deutschland sein könne und sein müsse und daß sie auch in der Organisation der wissenschaftlichen Forschung des Landes ihren Beitrag zu leisten habe. Dieser schon vom Begründer der Akademie, LEIBNIZ, und anderen fortschrittlichen Wissenschaftlern der Akademie in der Vergangenheit geäußerte Gedanke, der sich in den vergangenen Gesellschaftsordnungen jedoch nicht durchsetzen konnte, sollte nunmehr verwirklicht werden. Es ist sicher richtig, damit u. a. auch die vom Plenum der Akademie am 20. Dezember 1945 vorgesehene Änderung des Namens der Akademie zu verbinden.

Die Akademie wurde am 1. Juli 1946 durch Befehl Nr. 187 des Obersten Chefs der Sowjetischen Militäradministration und Oberkommandierenden der Sowjetischen Besatzungstruppen in Deutschland, Marschall der Sowjetunion SOKOLOWSKIJ, „zum Zwecke der Heranziehung der Wissenschaft zum Aufbau des demokratischen Deutschlands" als „Deutsche Akademie der Wissenschaften zu Berlin" wiedereröffnet.

Am 1. August 1946 fand die Eröffnungsfeier der „Deutschen Akademie der Wissenschaften zu Berlin" statt. Die Ansprache des ersten Präsidenten der Akademie, JOHANNES STROUX, auf dieser Feier war nicht nur eine Festrede, sondern zugleich eine Darlegung der neuen gesellschaftlichen Stellung der Akademie, ihrer Aufgaben und Ziele. Die ersten Worte waren Worte des aufrichtigen Dankes an die Sowjetunion, die es durch ihren Sieg ermöglicht hat, „daß unsere Akademie unter neuem Namen zu einer neuen Periode ihres Daseins" aufgerufen ist. Die Lehren aus jüngster Vergangenheit ziehend, erklärte JOHANNES STROUX: „Aus diesem neuen Leben der Akademie aber wird alles ferngehalten und verbannt werden, was in der Periode, die wir für immer hinter uns lassen, an Irrlehren und Verderbnis der Wissenschaft, an Mißbrauch ihrer Erfindungen und an Mitschuld über uns gekommen ist. Unsere Arbeiten werden den Schaden, den die Menschheit erlitten hat, heilen helfen und dazu beitragen, der deutschen Wissenschaft das verlorene Vertrauen zurückzugewinnen." Eindeutig bestimmte er den Platz der Akademie in der Gesellschaft und die Hauptaufgaben: „Als deutsche Wissenschaftler erfüllen wir die Aufgabe unseres neuen Lebens im Geiste des neuen einheitlichen deutschen Volksstaates, den wir ... auf geistigem Gebiete vorzubereiten bemüht sein werden ... Als ein feierliches Versprechen, das die Deutsche Akademie der Wissenschaften an der Schwelle ihrer neuen, mit dem Leibniz-Tage des Jahres 1946 beginnenden Periode abgelegt, gebe ich vor dem deutschen Volk und der deutschen Wissenschaft bekannt: Die Berliner Akademie stellt sich in den Dienst des ganzen deutschen Volkes", und nochmals betonte er: „Die tiefen Erschütterungen, aus denen die Neugestaltung unserer Akademie hervorgeht, zwingen uns, die hohen Grundwerte der Tradition ... in eine neue Ordnung zu bringen ... Gerade die Akademien müssen darin vorangehen, die Neuordnung der geistigen Welt, in der sich Wissenschaft und Forschung vollziehen, aus sich selbst und aus ihrer Arbeit hervorzubringen. Entscheidend dafür, daß diese gefunden wird, ist das Verhältnis der Akademie zur Öffentlichkeit, zum Volke und zum neuen demokratischen Staate. Die Sorge, für den gemeinsamen Nutzen und die Wohlfahrt des Volkes zu arbeiten, ... wird ein Charakterzug ihres neuen Wesens sein, der sich aus der Einordnung der Akademie in den neuen sozialen Aufbau der Gesellschaft ergibt."

Die Akademie hatte damit ihren Platz in der Gesellschaft selbst bestimmt — eine Tat, zu der sie niemals zuvor in ihrer Geschichte wegen der jeweils herrschenden reaktionären gesellschaftlichen Verhältnisse in der Lage gewesen ist. Aus der rechtzeitigen Erkenntnis ihrer nationalen Verantwortung für die humanistische Wissenschaft und Kultur in Deutschland und für den gesellschaftlichen Fortschritt und dank der richtigen Schlußfolgerungen trägt sie zu Recht den verpflichtenden Namen „Deutsche Akademie der Wissenschaften zu Berlin".

Es waren nicht nur die sich der Deutschen Akademie der Wissenschaften zu Berlin verbunden fühlenden Mitglieder aus ganz Deutschland und aus dem Ausland, die den neuen Weg der Akademie begrüßten. An ihrer Seite stand die fortschrittliche Öffentlichkeit unseres Landes, vor allem auch jene Kraft, die von Anfang an an der Spitze der antifaschistisch-demokratischen Umwälzung stand — die Sozialistische Einheitspartei Deutschlands, deren Parteivorstand die Wiedereröffnung der Akademie mit folgendem Glückwunschschreiben würdigte:

> Sozialistische Einheitspartei Deutschlands
> Parteivorstand
>
> An den Präsidenten der Deutschen Akademie der Wissenschaften zu Berlin
> Herrn Professor Dr. Johannes Stroux.
>
> Hochverehrter Herr Präsident!
>
> Zur denkwürdigen Feier der Eröffnung der Deutschen Akademie der Wissenschaften zu Berlin spreche ich Ihnen und den Mitgliedern der Akademie im Namen des Parteivorstandes der Sozialistischen Einheitspartei Deutschlands unsere besten Glückwünsche aus. Mögen die Wissenschaften in Deutschland unter der Leitung der Akademie am großen Werk des Wiederaufbaues unseres Vaterlandes aktiven Anteil nehmen, mögen sie helfen, die Einheit Deutschlands zu bewahren und unserem geschändeten Vaterland wieder die Achtung der anderen Völker zu gewinnen.
>
> Wir fühlen uns mit Ihnen, Herr Präsident, und der Akademie in der Gewißheit verbunden, daß die Wissenschaften in Deutschland am Beginn einer neuen Blüte stehen.
>
> Mit vorzüglicher Hochachtung
>
> Berlin, den 1. August 1946 gez. Wilhelm Pieck

Bereits einige Monate nach der Wiedereröffnung der Akademie begann der Aufbau der wissenschaftlichen Institute. Die bedeutendsten traditonellen Akademieunternehmen auf den gesellschaftswissenschaftlichen Gebieten, zum Beispiel die Arbeiten am Deutschen Wörterbuch, dem Wörterbuch der deutschen Pflanzennamen und dem Mittelhochdeutschen Wörterbuch, wurden im Rahmen der Deutschen Kommission weitergeführt. Auch die editorischen Arbeiten, wie die Ausgaben der Werke von LEIBNIZ, KANT, WIELAND u. a. wurden in der Leibniz-Kommission bzw. in der Deutschen Kommission wieder aufgenommen, ebenso Forschungen in der griechisch-römischen Altertumskunde, die ab 1947 im Institut für hellenistisch-römische Philosophie Berlin erfolgten. Die orientalistischen Unternehmen wurden 1947 in einem Institut für Orientforschung Berlin vereinigt und später auch die seit 1925 herausgegebenen Jahresberichte

Abb. 17. Plenarsitzung vom Jahre 1949 im alten Akademiegebäude Unter den Linden

Abb. 18. Der Einstein-Turm des Astrophysikalischen Observatoriums, erbaut in den Jahren 1921/22 (renoviert in den Jahren 1949 bis 1953)

für deutsche Geschichte übernommen. Die Institute für Slawistik und für romanische Sprachwissenschaft wurden im gleichen Jahre neu errichtet sowie eine Kommission für Volkskunde ins Leben gerufen.

Im Oktober 1946 wurden bestehende naturwissenschaftliche Institute übernommen, so die Sternwarte Babelsberg, das Astronomische Recheninstitut Babelsberg, die Sternwarte Sonneberg, das Zentralinstitut für Erdbebenforschung in Jena und im November 1946 das Astrophysikalische Observatorium Potsdam (Abb. 18), das Geodätische Institut Potsdam und das Heinrich-Hertz-Institut für Schwingungsforschung Berlin. Im Dezember 1946 gründete die Akademie einen eigenen Verlag — den Akademie-Verlag G. m. b. H. — und übernahm im Jahre 1947 das

Abb. 19. Die Robert-Rössle-Klinik der Institute für Medizin und Biologie, erbaut in den Jahren 1954—1956

Institut für Festkörperforschung Berlin, das ausgestattete und wiederhergestellte Institut für Medizin und Biologie Berlin-Buch (Abb. 19) und das Laboratorium für Gasentladungsphysik Greifswald sowie im April 1948 das Institut für Kulturpflanzenforschung Gatersleben und das Institut zur Steigerung der Pflanzenerträge Paulinenaue. Nachdem 1946 das Geotektonische Institut Berlin und das Forschungs-Institut für Mathematik Berlin sowie 1947 das Institut für Bauwesen Berlin errichtet worden waren, folgten im Jahre 1948 Neugründungen bzw. die Übernahme mehrerer Institute, wie des Optischen Laboratoriums Berlin, des Instituts für physikalische Hydrographie Berlin, des Instituts für Faserstoff-Forschung Teltow sowie 1949 des Instituts für Technologie der Fasern Dresden.

Mit der Übernahme oder Neugründung dieser Institute in der damligen sowjetischen Besatzungszone war die erste Entwicklungsetappe der Akademie zunächst zu einem gewissen Abschluß gekommen.

Diese Entwicklung war angesichts aller früheren Perioden der Akademie, in denen sie nie ein eigenes bedeutenderes Forschungspotential in Gestalt von Instituten besessen hatte, imposant. Wenige Jahre antifaschistisch-demokratischer

Entwicklung in der ehemaligen sowjetischen Besatzungszone Deutschlands, einer Entwicklung, die unter den schweren Bedingungen des Wiederaufbaues eines zerstörten Landes vollzogen wurde, hatten bereits die Überlegenheit der neuen Ordnung bewiesen. Diese Entwicklung war auch deshalb nicht einfach, und die Erfolge sind um so höher zu bewerten, weil sie in jener weltpolitischen und innerdeutschen Situation erreicht wurden, in der die herrschenden Kreise der USA und Englands den „Kalten Krieg“ gegen die UdSSR begannen und die westlichen Besatzungsmächte den geschlagenen deutschen Imperialisten und Militaristen in Westdeutschland halfen, ihre Machtpositionen wieder zu errichten, zu festigen und auszubauen. Die Akademie hatte in jener Zeit z. B. Versuche westlicher Besatzungsoffiziere abzuwehren, Forschungspotential der Akademie nach Westberlin zu verlegen. Sie hatte sich ebenso gegen Kräfte zu wenden, die in der Periode von 1933—1945 aktiv dem Hitlerfaschismus gedient hatten, deshalb nach 1945 aus der Akademie entlassen worden waren und danach in Westdeutschland als sogenannte „Rechtsnachfolger“ der ehemaligen Preussischen Akademie der Wissenschaften nicht nur auftreten konnten, sondern vom westdeutschen Innenministerium mit namhaften finanziellen Mitteln in ihrer gegen die Deutsche Akademie der Wissenschaften zu Berlin gerichteten Politik unterstützt wurden. Durch Handlungen jener Kräfte erhielt die Akademie viele Materialien, die während des Krieges in Gebiete ausgelagert worden waren, die heute zur westdeutschen Bundesrepublik gehören, bis heute nicht zurück. Daß derartige Kräfte ihre Ziele jedoch nicht erreichen konnten, lag nicht nur an der konsequenten Haltung der Akademie gegenüber diesen Kräften, sondern auch an der Unterstützung, die sie durch ihre fortschrittlichen Mitglieder, andere Wissenschaftler und wissenschaftliche Institutionen Westdeutschlands erhielt.

Nach der Gründung der Deutschen Demokratischen Republik im Jahre 1949, die nach der Bildung des westdeutschen Separatstaates erfolgte, begann eine weitere Entwicklungsetappe der Akademie als eines leistungsfähigen Zentrums für die Grundlagenforschung in der DDR. Eine wesentliche gesetzliche Grundlage dieser Entwicklung war vor allem der „Plan zur Förderung der Wissenschaften“, der noch vor der Bildung der DDR am 31. März 1949 von der damaligen Deutschen Wirtschaftskommission als „Verordnung über die Erhaltung und Entwicklung der deutschen Wissenschaft und Kultur, die weitere Verbesserung der Lage der Intelligenz und die Steigerung ihrer Rolle in der Produktion und im öffentlichen Leben“ (1. Kulturverordnung) erlassen worden war. In der Akademie kam es zu einer Reorganisation der akademischen Gremien, und der Aufbau des Forschungspotentials wurde fortgeführt.

An Stelle der seit 1829 bestehenden Einteilung in 2 Klassen wurden 6 Klassen gebildet:

Klasse für Mathematik und allgemeine Naturwissenschaften,
Klasse für medizinische Wissenschaften,
Klasse für landwirtschaftliche Wissenschaften,
Klasse für technische Wissenschaften,
Klasse für Sprachen, Literatur und Kunst,
Klasse für Gesellschaftswissenschaften.

Gleichzeitig wurde die Zahl der Mitglieder von 60 auf 120 erhöht. Im Zusammenhang mit dieser Umwandlung wurden die Haushaltmittel der Akademie vom 1. April 1949 an bedeutend erhöht und zur Durchführung der wichtigsten Bauvorhaben und Anschaffung von wissenschaftlichen Einrichtungen 3 Millionen DM Investitionsmittel zur Verfügung gestellt. Der Akademie-Verlag erhielt zur Erweiterung seiner Verlagstätigkeit ein zusätzliches Papierkontingent und ebenfalls zusätzliche finanzielle Mittel. Den Akademiemitgliedern wurden zum Bau von Eigenheimen Kredite gewährt und die jährlichen steuerfreien Dotationen

Abb. 20. Neues Akademiegebäude in Berlin am Platz der Akademie

für Ordentliche Akademiemitglieder erhöht. Für die Sitzungen des Plenums und der Klassen sowie für die Akademieleitung und die zentralen wissenschaftsorganisatorischen und Verwaltungseinrichtungen der Akademie wurde das Gebäude der früheren Preußischen Seehandlung (Preußische Staatsbank) am Gendarmenmarkt (jetzt „Platz der Akademie“) übergeben (Abb. 20). Zugleich wurden das Gebäude des Aerodynamischen Instituts in Adlershof (jetzt Institutskomplex Adlershof der Forschungsgemeinschaft), der Gutshof in Pauleninenaue sowie das Institut für Kulturpflanzenforschung in Gatersleben zur Verfügung gestellt.

Auf Grund einer „Verordnung zur Entwicklung einer fortschrittlichen demokratischen Kultur des deutschen Volkes und zur weiteren Verbesserung der Arbeitsbedingungen der Intelligenz“ (2. Kulturverordnung) vom 16. März 1950 wurden für die wichtigsten Bauvorhaben und die Schaffung wichtiger wissenschaftlicher Einrichtungen erneut 5 Millionen DM zur Verfügung gestellt; darüber hinaus erhielt der Akademie-Verlag nochmals erhebliche Mittel zur Herausgabe wertvoller wissenschaftlicher Publikationen.

Im Juli 1950 beging die Akademie mit einer eindrucksvollen Feier den 250. Jahrestag ihres Bestehens (Abb. 21). Dieses Jubiläum, an dem Mitglieder aus ganz Deutschland und Persönlichkeiten aus anderen Ländern teilnahmen, wurde zu einer eindrucksvollen Festveranstaltung und zu einem bedeutenden nationalen Ereignis.

Eine ganz entscheidende Bedeutung für die neue Entwicklungsetappe der Akademie hatte der erste Fünf-Jahrplan der DDR (1950–1955). Auf seiner Grundlage wurden die Volkswirtschaft, insbesondere die industrielle Basis der DDR, beträchtlich entwickelt und Bildung und Kultur großzügig gefördert. Der Plan enthielt auch große Mittel und große Aufgaben für die Wissenschaften und wissenschaftlichen Institutionen einschließlich der Deutschen Akademie der Wissenschaften zu Berlin. Während dieser Periode wurden u. a. Arbeiten in Angriff genommen, die bisher wegen des Fehlens von Arbeitsstätten nicht ausgeführt werden konnten. Alte Forschungsstätten wurden ausgebaut, personell stärker besetzt oder strukturell verändert. So wurden z. B. die Arbeiten der Deutschen Kommission seit 1952 im Institut für deutsche Sprache und Literatur weiter durchgeführt; aus der Kommission für Volkskunde entstand 1953 das Institut für Deutsche Volkskunde; das Zentralinstitut für Erdbebenforschung in Jena wurde 1954 ein Institut für Bodendynamik und Erdbebenforschung.[1] Es wurden das Institut Miersdorf[2], das Institut für Strahlungsquellen[3], eine Abteilung für angewandte Mathematik[4], ein Institut für anorganische Chemie, ein Institut für Katalyseforschung[5] und ein Laboratorium für Kunststoffe[6] sowie mehrere naturwissenschaftliche Arbeitsstellen gegründet.

Abb. 21. Anläßlich der 250-Jahrfeier der Akademie begrüßt Präsident WILHELM PIECK den damaligen Präsidenten der Akademie, Prof. Dr. JOHANNES STROUX, während des Festempfangs (10. Juli 1950)

Bei der Entwicklung der Forschungskapazität der Akademie wird deutlich sichtbar, daß sowohl der Grundlagenforschung als auch der angewandten Forschung entsprechendes Augenmerk zugewendet wurde und die Akademie nicht nur den Auftrag, sondern auch Möglichkeiten erhielt, neben den großen auf die Zukunft gerichteten Projekten der Grundlagenforschung auch solche Aufgaben in Angriff zu nehmen und lösen, die zum unmittelbaren und schnellen Fortschritt der Volkswirtschaft und Kultur unseres Landes beitrugen.

Im Jahre 1950 wurden die Deutsche Bauakademie und im Jahre 1951 die Deutsche Akademie der Landwirtschaftswissenschaften gegründet. Im Zusammen-

[1] Seit 1964 Institut für Geodynamik.

[2] 1957 Kernphysikalisches Institut. Im Jahre 1962 aufgeteilt in Institut für spezielle Probleme der theoretischen Physik und in Forschungsstelle für Physik hoher Energien.

[3] Seit 1958 Arbeitsbereich des Physikalisch-Technischen Instituts.

[4] Seit 1959 Institut für angewandte Mathematik und Mechanik.

[5] Seit 1959 geteilt in Institut für anorganische Katalyse und Institut für organische Katalyse.

[6] Seit 1958 Institut für Kunststoffe.

hang damit wurde das Institut für Bauwesen aus der Akademie ausgegliedert und dem Ministerium für Bauwesen zugeordnet. Dieses Institut arbeitet im Rahmen der Aufgaben der Deutschen Bauakademie. Des weiteren wurde die Klasse für landwirtschaftliche Wissenschaften der Deutschen Akademie der Wissenschaften zu Berlin aufgelöst, da die Aufgaben nunmehr der Deutschen Akademie der Landwirtschaftswissenschaften zufielen.

Die erweiterten Aufgaben und die erhöhte Verantwortung der Akademie kamen auch darin zum Ausdruck, daß 1951 vorgesehen wurde, Sektionen zu bilden, in denen auch Wissenschaftler vertreten sein konnten, die nicht Akademiemitglieder waren. Um die akademischen Gremien (Plenum und Klassen) von organisatorischer Arbeit zu entlasten, wurde die Leitung der Akademie seit dem Sommer 1951 vom Präsidium ausgeübt. Als neuer Präsident wurde der Biophysiker WALTER FRIEDRICH im Frühjahr 1951 gewählt (Abb. 22). Die Akademie wurde im Juli 1951 dem Ministerrat der DDR direkt unterstellt. Am 22. Januar 1953 fand eine Sondersitzung des Plenums der Akademie statt. Auf dieser Sitzung wurden die neuen Aufgaben der Akademie beraten, die sie unter den Bedingungen der Schaffung der Grundlagen des Sozialismus in der DDR zu lösen hatte. Auf dieser Sondersitzung, auf der leitende Mitglieder der Akademie referierten, nahm auch der damalige stellvertretende Ministerpräsident und heutige Vorsitzende des Staatsrates der DDR, WALTER ULBRICHT, das Wort. Er führte aus, daß die Deutsche Akademie der Wissenschaften zu Berlin „in der Pflege und Weiterführung der großen Traditionen der deutschen Wissenschaft in den vergangenen Jahren bedeutendes geleistet hat und das in ganz Deutschland anerkannte Zentrum der wissenschaftlichen Tätigkeit ist.“ Dieses hohe Lob der Akademie verband er mit der Hauptaufgabe, die nunmehr unter den neuen gesellschaftlichen Bedingungen in der DDR vor ihr standen: „Wir wollen erreichen, daß die Deutsche Akademie der Wissenschaften zu Berlin die Forschungs- und Entwicklungsarbeit in der Deutschen Demokratischen Republik wirklich wissenschaftlich beeinflußt.“ Auf der Sondersitzung wurde ein ganzes Programm von wichtigen zu lösenden Aufgaben beraten, einschließlich jener, die den Übergang zur Planung, insbesondere zur Perspektivplanung der wissenschaftlichen Arbeit gewährleisten

Abb. 22. WALTER FRIEDRICH, Präsident der Akademie vom 4. 5. 1951 bis 12. 1. 1956 (geboren 25. 12. 1883)

sollten. Die zu jener Zeit noch umstrittenen Auffassungen, daß wissenschaftliche Forschungsarbeit auch über einen längeren Zeitraum planbar sei, hat sich inzwischen längst durchgesetzt und ihre Richtigkeit in der Praxis bewiesen. Um die Akademie jedoch in die Lage zu versetzen, die Forschungs- und Entwicklungsarbeit in der DDR wirklich wissenschaftlich zu beeinflussen, bedurfte es der Erhöhung des Niveaus der Arbeit in den akademischen Gremien und Instituten. Es bedurfte auch einer engeren Zusammenarbeit mit anderen wissenschaftlichen Institutionen in der DDR und eines engeren Kontaktes zu den leitenden staatlichen Organen.

Noch im gleichen Jahre wurde der Kreis der Akademiemitglieder durch Zuwahl von 25 Gelehrten wesentlich erweitert. Diese Zuwahlen erfolgten vor allem unter dem Gesichtspunkt, das Plenum und die Klassen auf solchen Gebieten der Natur- und Gesellschaftswissenschaften zu stärken, die in unserem Land unter den konkreten damaligen Bedingungen besondere Beachtung verdienten und deren Ergebnisse sich relativ schnell auf wissenschaftlichem, ökonomischem und kulturellem Gebiet positiv auswirken mußten. Mit größerer Intensität wurde auch die Vervollkommnung der schon bestehenden Sektionen und die Bildung neuer Sektionen betrieben. Im Herbst desselben Jahres reiste auf Einladung des Präsidiums der Akademie der Wissenschaften der UdSSR eine Delegation der Leitung der Deutschen Akademie der Wissenschaften zu Berlin in die Sowjetunion. Diese Reise diente nicht nur dem Erfahrungsaustausch zwischen beiden Akademien und dem Studium der Arbeitsweise und Struktur der Sowjetischen Akademie, der Planung ihrer wissenschaftlichen Arbeit und ihrer Verbindung mit der Praxis. Sie war zugleich eine Reise der Freundschaft und ein Höhepunkt in den wissenschaftlichen und wissenschafts-politischen Beziehungen zwischen beiden Akademien. Die Deutsche Akademie der Wissenschaften zu Berlin, die bald nach Kriegsende begonnen hatte, die Beziehungen und Verbindungen zu gelehrten Institutionen und Persönlichkeiten in vielen Ländern der Welt wieder zu entwickeln, hatte mit dieser Reise einen ersten Höhepunkt ihrer wissenschaftlichen Beziehungen erreicht.

Die erhöhten Aufgaben in dieser Periode spiegelten sich auch in dem Statut der Akademie vom 17. Juni 1954 und in den „Empfehlungen des Ministerrates zur weiteren Entwicklung und Verbesserung der Arbeit der Deutschen Akademie der Wissenschaften zu Berlin“ vom 18. Mai 1955 wider. In Durchführung des Statuts, in dem die Aufgaben, Ziele und Organisationsformen den Erfordernissen der Zeit entsprechend niedergelegt worden waren, wurde auch die Einteilung der Klassen der Akademie neu geregelt. Von diesem Zeitpunkt ab gliederte sich die Akademie in folgende 5 Klassen:

Klasse für Mathematik, Physik und Technik,
Klasse für Chemie, Geologie und Biologie,
Klasse für Medizin,
Klasse für Sprachen, Literatur und Kunst,
Klasse für Philosophie, Geschichte, Staats-, Rechts- und Wirtschaftswissenschaften.

Die Empfehlungen des Ministerrates vom 18. Mai 1955 bildeten eine wesentliche Grundlage und zugleich eine echte Hilfe zur Erreichung des bereits auf der Sondersitzung des Plenums im Jahre 1953 verkündeten Zieles, die Akademie zu befähigen, die Forschungs- und Entwicklungsarbeit in der DDR wirklich wissenschaftlich zu beeinflussen und die Akademie in den Stand zu versetzen, den ihr auf Grund ihrer Bedeutung und ihres wissenschaftlichen Potentials zukommenden Platz in der wissenschaftlichen Arbeit, insbesondere auf dem Gebiet der Grundlagenforschung und bei der Leitung des wissenschaftlichen Lebens in der DDR einzunehmen und auch auszufüllen. So erhielten die Empfehlungen Anregungen und Maßnahmen für eine stärkere und geplantere Tätigkeit der Institute und Einrichtungen und für deren Hinlenkung auf vordringliche wissenschaftliche, wirtschaftliche und kulturelle Probleme der DDR. Die Akademie begann auf der Grundlage dieser Empfehlungen mit neuen Forschungen auf Gebieten der Physik, Chemie und Medizin. Auf verschiedenen Gebieten der Gesellschaftswissenschaften wurden Arbeiten neu begonnen oder laufende Arbeiten forciert, die zur Fundierung der theoretischen Grundlagen der sozialistischen Gesellschaftsordnung beitrugen. Die Forschungen zur Geschichte des deutschen Volkes und zur Pflege der deutschen Kultur erhielten einen breiteren Raum.

Abb. 23. Max Volmer, Präsident der Akademie vom 13. 1. 1956 bis 23. 10. 1958 (3. 5. 1885 bis 3. 6. 1965)

Entsprechend den Empfehlungen wurden einige Institute und Einrichtungen, die bisher Fachministerien unterstanden, in den Bereich der Akademie übernommen, und zwar das Institut für angewandte Silikatforschung, Berlin, das Institut für Mikrobiologie und experimentelle Therapie, Jena, die Druckereien „Thomas Müntzer", Bad Langensalza, „Maxim Gorki", Altenburg, und Werkdruck Gräfenhainichen. Neu gegründet wurden bereits 1955 die Arbeitsstellen für Tieftemperaturphysik[1], für experimentelle und angewandte Psychologie[2], für Kreislaufforschung[3], eine historische Abteilung im Institut für Slawistik, eine Arbeitsgruppe zur Geschichte der deutschen und französischen Aufklärung[4].

Ende 1955, nach dem Ablauf der Amtszeit des Präsidenten Walter Friedrich, wurde der physikalische Chemiker Max Volmer zum neuen Präsidenten der

[1] Seit 1966 Institut für Tieftemperaturphysik.

[2] Seit 1962 an das Staatssekretariat für das Hoch- und Fachschulwesen abgegeben.

[3] Seit 1965 Institut für Kreislaufforschung.

[4] Jetzt Institut für romanische Sprache und Kultur.

Akademie gewählt (Abb. 23). Die Akademie stand unter seiner Leitung vor der Aufgabe der Durchführung der Empfehlungen des Ministerrates und der Arbeiten, die sich aus dem 2. Fünfjahrplan der DDR für die weitere Entwicklung von Wissenschaft, Wirtschaft und Kultur beim Aufbau der Grundlagen des Sozialismus in der DDR für die Akademie ergaben. In den Jahren 1956—1957 erhöhte sich die Anzahl der Forschungseinrichtungen weiter, da mehrere Institute neu gegründet, andere übernommen wurden, wie der „VEB Entwicklung, Fabrikation elektrischer Meßgeräte [EFEM)" als Institut für Gerätebau[1], die Arbeitsstelle für praktische Geologie[2], das Institut für Dokumentation[3], das Institut für Geschichte, die Arbeitsgruppe für philosophiehistorische Texte[4], das Geomagnetische Institut, das Institut für physikalische Chemie und das Institut für Ernährung.

Die wissenschaftlichen Arbeiten der Akademie brachten in jener Zeit gute Ergebnisse und sie waren Beweis ihres gestiegenen Leistungsvermögens. Mängel zeigten sich jedoch auch weiterhin in der Zusammenarbeit mit der Praxis und bei der Verwertbarkeit von Forschungsergebnissen durch die Industrie. Die Entwicklung zeigte, daß eine weitere Verbesserung der Leitungstätigkeit, der Methoden und der Organisationsformen in der Forschung und Entwicklung zur objektiven Notwendigkeit geworden waren. Das Jahr 1957 brachte dann auch einige bedeutende strukturelle Veränderungen, die aus diesen Bedürfnissen erwachsen waren. So wurde als erste Maßnahme im April 1957 durch Beschluß des Plenums als 6. Klasse der Akademie die

Klasse für Bergbau, Hüttenwesen und Montangeologie

gebildet. Mit der Bildung der Klasse für Bergbau, Hüttenwesen und Montangeologie wurde die große Bedeutung und der hohe Stand, den die Montanwissenschaften in der allgemeinen wissenschaftlichen Entwicklung erreicht hatten, insbesondere ihre Stellung als eines der Fundamente der Volkswirtschaft der DDR gewürdigt und zugleich die Möglichkeit einer stärkeren Förderung der Montanwissenschaften in der DDR durch die Akademie einerseits, ihrer Einflußnahme andererseits geschaffen.

Etwa zur gleichen Zeit, am 4. April 1957 wurde durch Beschluß des Plenums die Stelle eines weiteren Vizepräsidenten geschaffen.

Eine weitere Maßnahme von grundsätzlicher Bedeutung war der Beschluß des Präsidiums vom 6. Juni 1957, zur Verbesserung der zentralen Leitungstätigkeit an die Stelle der Funktion eines wissenschaftlichen Direktors die Funktion des Generalsekretärs der Deutschen Akademie der Wissenschaften zu Berlin zu schaffen, der Ordentliches Mitglied der Akademie sein muß. Das Plenum der Akademie wählte am 20. Juni 1957 in geheimer Wahl den Chemiker Günther Rienäcker zum Generalsekretär der Deutschen Akademie der Wissenschaften zu Berlin (Abb. 24).

Von ganz besonderer Bedeutung war schließlich die am 20. Mai 1957 erfolgte Bildung der Forschungsgemeinschaft der naturwissenschaftlichen, technischen und medizinischen Institute der Deutschen Akademie der Wissenschaften zu Berlin. Die Bildung der Forschungsgemeinschaft war von einer akademischen Kommission „Forschungsorganisaton der naturwissenschaftlichen und tech-

[1] 1963 umbenannt in Akademie-Werkstätten.

[2] Seit 1965 Arbeitsgruppe im Geotektonischen Institut.

[3] 1964 als Wissenschaftliche Redaktion der Zentralblätter weitergeführt.

[4] Seit 1962 Institut für Philosophie.

nischen Institute" vorbereitet worden. In der Forschungsgemeinschaft wurden die 39 damals zur Akademie gehörenden und bis dahin den Klassen der Akademie zugeordneten naturwissenschaftlichen, technischen und medizinischen Institute vereinigt. Die Bildung der Forschungsgemeinschaft ermöglichte nunmehr eine bessere fachliche Anleitung der Institute, eine straffere organisatorische Betreuung, eine engere Zusammenarbeit mit der Praxis und ein wirksameres Zusammenschalten von Instituten, die bisher verschiedenen Klassen zugeordnet waren, zu gemeinsamer Arbeit. Sie entlastete zugleich die Klassen der Akademie von umfangreicher, bis dahin zu leistender Organisations- und Verwaltungsarbeit und gab den Klassen die Möglichkeit, ihre echten akademischen Aufgaben besser wahrzunehmen. Die Zusammenfassung dieser Institute in der Forschungsgemeinschaft der naturwissenschaftlichen, technischen und medizinischen Institute stellte eine bis dahin in der Geschichte der Deutschen Akademie der Wissenschaften zu Berlin noch nicht angewandte Organisationsform dar, die von großer Bedeutung für die Organisation der Wissenschaften ist und mit den Veränderungen Schritt hält, die sich ständig im Wirkungsbereich der Wissenschaften vollziehen.[1]

Abb. 24. GÜNTHER RIENÄCKER
Generalsekretär der Akademie seit 24. 6. 1957
(geboren 13. 5. 1904)

Auf dieser Basis einer neuen naturwissenschaftlichen Forschungsorganisation hatte die Akademie bereits in den ersten Jahren des Bestehens der Forschungsgemeinschaft ihr internationales Ansehen entschieden vergrößert. In dieser Zeit hat sich auch die Zahl der Institute weiter vermehrt. Auf Grund des Gesetzes über die Vervollkommnung und Vereinfachung der Arbeit des Staatsapparates in der Deutschen Demokratischen Republik vom 11. Februar 1958 wurden gemäß Beschluß des Plenums vom 20. März 1958 das Institut für angewandte Radio-

[1] Mit der Bildung der Forschungsgemeinschaft, die von einem Vizepräsidenten der Akademie geleitet wird, wurde zugleich ein Kuratorium und ein Vorstand gebildet. Das Kuratorium hatte ursprünglich die Aufgabe, Richtung und Schwerpunkte der Forschungen festzustellen, während der Vorstand die erforderlichen Verbindungen zum Plenum und Präsidium der Akademie und zu staatlichen Organen zu unterhalten hatte. Diese Form der Leitung blieb im wesentlichen bis 1963 bestehen.

aktivität (Abb. 25), das Forschungsinstitut für metallische Spezialwerkstoffe (Abb. 26), das Institut für angewandte physikalische Stofftrennung[1], das Institut für Chemie und Technologie der Plaste[2], das Institut für organische Grundchemie[3] und das Forschungsinstitut für Aufbereitung übernommen. Im Sommer 1958 wurden bisherige Arbeitstellen oder große Arbeitsbereiche zu Instituten umgebildet, zum Beispiel das Institut für Strukturforschung, das Institut für Kunststoffe[4], das Institut für organische Chemie und das Physikalisch-technische Institut, während zum gleichen Zeitpunkt eine zoologische Forschungsstelle im Berliner Tierpark übernommen wurde. Im selben Jahre wurden auch die Arbeitsstelle für Biochemie der Pflanzen[5] gegründet und die Institute für Lichtbogenforschung[6] und für

Abb. 25. Gebäude des Instituts für angewandte Radioaktivität, erbaut in den Jahren 1956—1958

kortikoviszerale Pathologie und Therapie übernommen. Diese Entwicklung ging auch im Jahre 1959 weiter, da aus dem bisherigen Forschungsinstitut für Mathematik das Institut für reine Mathematik und das Institut für angewandte Mathematik und Mechanik gebildet wurden und neue Institute wie das Institut für Magnetohydrodynamik und eine Forschungsstelle für Limnologie ihre Arbeiten aufnahmen.

Von Bedeutung für die Forschungsarbeit der Akademie in jenen Jahren waren auch die Expeditionen, die von ihr durchgeführt wurden. Im Jahre 1952 unter-

[1] Seit 1964 Institut für stabile Isotope.
[2] 1959 Institut für Plastforschung, das 1961 umgebildet wurde in Institut für chemische Technologie der Plaste und Institut für Physik und physikalische Chemie der Hochpolymeren.
[3] Seit 1958 Institut für Verfahrenstechnik der organischen Chemie.
[4] Seit 1966 Institut für organische Hochpolymere.
[5] Seit 1960 Institut für Biochemie der Pflanzen.
[6] Seit 1965 Außenstelle Meiningen des Instituts für Magnetohydrodynamik.

nahm Cuno Hoffmeister eine Expedition nach Südafrika und kehrte 1953 mit reichen Ergebnissen auf dem Gebiet der Hochatmosphäre und der veränderlichen Sterne des Südhimmels zurück. Unter Leitung des Direktors des Astrophysikalischen Observatoriums Potsdam, Prof. Dr. Johann Wempe, unternahm die Akademie im Jahre 1954 gemeinsam mit dem Direktor der Universitätssternwarte St. Andrews (Schottland), Prof. Dr. Finlay Freundlich, eine Expedition nach der schwedischen Insel Öland, um dort bei der totalen Sonnenfinsternis am 30. Juni 1954 mit einer Doppel-Horizontalkamera Messungen der Gravitationsablenkung des Lichtes durchzuführen. Gleichzeitig weilte der Leiter der Sternwarte Sonneberg, Cuno Hoffmeister, mit wissenschaftlichen Mitarbeitern der Sternwarte Sonneberg im Nordkaukasus, um dort korrespondierende Beobachtungen der Finsternis vorzunehmen. Auch für die Beobachtung der totalen Sonnenfinsternis im Jahre 1955 stellte die Akademie ihre Doppel-Horizontalkamera zur Verfügung und entsandte einige Mitarbeiter des Astrophysikalischen Observatoriums nach Ceylon. Großen Erfolg hatte auch die botanisch-zoologische Expedition des Akademieinstituts für Kulturpflanzenforschung in Gatersleben, die unter Leitung seines Direktors Hans Stubbe vom Mai bis September 1956 in der Volksrepublik China weilte. Diese Expedition war das erste deutsch-chinesische Gemeinschaftsunternehmen und führte die Wissenschaftler in die nordöstlichen Provinzen der VR China. Zahlreiche Proben von Kulturpflanzen konnten mitgebracht und ihre Anbauverhältnisse in China studiert werden. Diese Proben wurden in Gatersleben angebaut. Sie werden morphologisch und systematisch zusammen mit dem Herbarmaterial bearbeitet. Insgesamt wurden über 3000 Arten von Wildpflanzen und etwa 1500 Bälge und Schädel von Säugetieren und 7000 Vogelbälge gesammelt. Von Oktober bis Dezember 1958 weilte eine Expedition auf lybischem Boden, die unter der Leitung von Dr. Nikolaus Richter stand und Forschungsarbeiten in der zentralen Sahara betrieb. Die wissenschaftlichen Ziele dieser Unternehmung dienten der Fortsetzung und Ergänzung von Arbeiten, die bereits anläßlich der Saharaexpedition 1954/1955 in Angriff genommen worden waren, und die geographischen, geologischen, klimamorphologischen und klimatologisch-meteorologischen Studien dienten. In der Zeit von April bis Oktober 1959 führte Cuno Hoffmeister auf der Boydenstation (Bloomfontain in Südafrika) astronomische Arbeiten über die veränderlichen Sterne des Südhimmels durch, um seine früheren Forschungen auf diesem Gebiet fortzusetzen und abzuschließen.

Abb. 26. Gebäude des Forschungsinstituts für metallische Spezialwerkstoffe, erbaut in den Jahren 1952—1956

Weite Anerkennung fand die Akademie vor allem auch durch akademische wissenschaftliche Festsitzungen, die sie dem Gedenken an hervorragende Mitglieder der Akademie in der Vergangenheit widmete und für deren Vorbereitung und Durchführung besondere Kommissionen unter dem Vorsitz eines Akademiemitgliedes gebildet wurden, wie die Euler-Kommission und die Planck-Kommission. So wurden im Jahre 1957 die Feierlichkeiten anläßlich der Wiederkehr des 250. Geburtstages LEONHARD EULERS und im April 1958 das Jubiläum anläßlich des 100. Geburtstages MAX PLANCKS begangen. Diese Jubiläen, an denen international führende Gelehrte aus aller Welt teilnahmen, und die aus diesem Anlaß herausgegebenen Gedenkschriften legten ein beredtes Zeugnis von dem hohen wissenschaftlichen Niveau der Akademie und ihrer geachteten Stellung in der

Abb. 27. Zur Erinnerung an die Feier der 100. Wiederkehr des Geburtstages MAX PLANCKS geprägte Gedenkmünze (April 1958)

wissenschaftlichen Welt ab. Eine zur Erinnerung erstmalig geprägte bronzene Medaille wurde den Gästen der Feier als Zeichen der Verbundenheit der Akademie mit den Gelehrten aus aller Welt überreicht; in Gold geprägt ist sie seitdem in diesem Sinne eine seltene Auszeichnung für hervorragende Gelehrte aus dem Ausland (Abb. 27).

Mit der Österreichischen Akademie der Wissenschaften, mit den westdeutschen Akademien in Göttingen, Heidelberg, Mainz und München und mit der Sächsischen Akademie der Wissenschaften zu Leipzig bearbeitet die Akademie — vielfach auf vertraglicher Grundlage — wissenschaftliche Unternehmen, die im deutschen Sprachraum Interesse beanspruchen.

Von ihnen seien genannt:

das Deutsche Wörterbuch

(Zentrale: Deutsche Akademie der Wissenschaften zu Berlin. Arbeitsstelle Göttingen bei der dortigen Akademie der Wissenschaften)

das Mittelhochdeutsche Wörterbuch

(Zentrale: Deutsche Akademie der Wissenschaften zu Berlin. Arbeitsstelle Hamburg) das Goethe-Wörterbuch

(Zentrale: Deutsche Akademie der Wissenschaften zu Berlin. Arbeitsstellen in Berlin und Leipzig sowie Tübingen und Hamburg)

die Weimarer Luther-Ausgabe

(Arbeitsstellen bei der Deutschen Akademie der Wissenschaften zu Berlin und bei der Akademie der Wissenschaften zu Göttingen)

das Mittellateinische Wörterbuch

(mit der Österreichischen Akademie der Wissenschaften und mit den Akademien der Wissenschaften in Göttingen, Heidelberg, München und Leipzig im Rahmen eines internationalen Vorhabens)

die historisch-kritische Ausgabe der Briefe Alexander von Humboldts

(unter Beteiligung der Österreichischen Akademie der Wissenschaften in Wien, westdeutscher Akademien und den Akademien der DDR in Leipzig und Halle)

(Zentrale Arbeitsstelle bei der Deutschen Akademie der Wissenschaften zu Berlin)

Monumenta Germaniae Historica, wissenschaftliche Zentralblätter u. a.

Die Deutsche Akademie der Wissenschaften zu Berlin ist auch an internationalen wissenschaftlichen Unternehmen beteiligt. Von ihnen seien an dieser Stelle genannt

Thesaurus Linguae Latinae

(internationales altertumswissenschaftliches Unternehmen)

Corpus Vasorum Antiquorum

(Unternehmen der Union Académique Internationale).

Im Oktober 1958 wurde der klassische Philologe Werner Hartke zum Präsidenten der Akademie gewählt. Mit ihm trat wieder ein Gesellschaftswissenchaftler an die Spitze der Akademie. Die Amtszeit des Präsidenten Hartke wurde durch seine erfolgte Wiederwahl durch das Plenum der Akademie im Jahre 1963 um weitere 4 Jahre verlängert (Abb. 28).

Außenpolitisch war es ein Zeitabschnitt, der zwar durch eine großartige politische, ökonomische, kulturelle und wissenschaftliche Entwicklung der sozialistischen Länder und durch ihren erfolgreichen Kampf für die Erhaltung des Weltfriedens und für friedliche Koexistenz gekennzeichnet war, in dem aber auch die herrschenden Kreise der USA ihren aggressiven Kurs gegen die sozialistischen Länder und gegen andere Völker verschärften und in verschiedenen Gebieten der Welt zu Kriegsprovokationen schritten. An der Seite der USA standen und stehen vor allem die reaktionären herrschenden Kreise Westdeutschlands, die in diesen Jahren Westdeutschland beschleunigt zur stärksten und aggressivsten Militärmacht Westeuropas aufrüsteten und ihren verkündeten aggressiven Kurs vor allem gegen die DDR, aber auch gegen andere sozialistische Länder Europas mit verschiedensten Mitteln und Methoden zu verwirklichen suchten.

Innenpolitisch war es ein Zeitabschnitt der weiteren allseitigen Stärkung unseres Landes, der Vollendung der Schaffung der Grundlagen des Sozialismus und des Überganges zum umfassenden Aufbau des Sozialismus in der Deutschen Demokratischen Republik. Die Wissenschaft in der DDR, die frei von dem Zwang ist, aggressiven Aufgaben zu dienen, deren Mittel und Möglichkeiten der friedlichen und fortschrittlichen Entwicklung unseres Landes zugute kommen, hat in dieser Periode bedeutende Aufgaben erhalten und gelöst. Die Akademie hat sich in dieser Entwicklungsetappe weiter gefestigt, an wissenschaftlichem Ansehen, an Bedeutung und Einfluß gewonnen. Das ist einerseits das Verdienst der in den Forschungsinstituten und Einrichtungen der Akademie tätigen Akademiemitglieder, Wissenschaftler und Mitarbeiter der gesamten Akademie, das ist andererseits aber auch das Verdienst der Leitung der Akademie mit Werner Hartke an der Spitze, die entsprechend den objektiven Entwicklungsbedingungen Grundfragen der Entwicklung und des Verhältnisses zwischen Wissenschaft, Akademie und sozialistischem Staat in den Vordergrund gerückt, aufgeworfen und beantwortet hat. Gerade in den letzten Jahren ist sich die Akademie angesichts der durch die imperialistischen Feinde der deutschen Nation bestehenden Bedrohung des Friedens ihrer nationalen Verantwortung gegenüber der humanistischen deutschen Wissenschaft und Kultur und gegenüber dem Volke noch bewußter geworden.

Abb. 28. Werner Hartke
Präsident der Akademie seit 24. 10. 1958
(geboren 1. 3. 1907)

Werner Hartke hat von Beginn seiner Amtstätigkeit an dem Zusammenwirken naturwissenschaftlicher und gesellschaftswissenschaftlicher Forschungen besondere Aufmerksamkeit gewidmet. Ein Höhepunkt des wissenschaftlichen Lebens in der Akademie war die Festsitzung zum Gedenken an den 100. Todestag ihres Mitgliedes Alexander von Humboldt im Mai 1959. Auch an dieser Festsitzung nahmen international bekannte Gelehrte aus aller Welt teil. Aus

Anlaß dieses Tages wurde die Alexander von Humboldt-Plakette geschaffen (Abb. 29). Im Jahre 1960 wurde das 2-m-Universal-Spiegelteleskop in Tautenberg eingeweiht, das, einmalig in seiner Art, vom hohen Stand der optischen Industrie der Deutschen Demokratischen Republik zeugte, und mit dem es gelang, neue Forschungen aufzunehmen und Ergebnisse zu erzielen, die weltweite Beachtung fanden (Abb. 30). Nach über 100jähriger Tätigkeit wurde 1961 das Grimmsche Wörterbuch fertiggestellt — ein Gemeinschaftsunternehmen der Deutschen Akademie der Wissenschaften zu Berlin und der Akademie der Wissenschaften zu Göttingen, das unter der Leitung des Germanisten THEODOR FRINGS stand. Daneben hat die Akademie sich stärker bemüht, die Zusammenarbeit mit der sozialistischen Praxis enger zu gestalten. Anläßlich des 15. Jahrestages der Sozialistischen Einheitspartei Deutschlands, 1961, überreichte eine Delegation der Leitung der Akademie dem Zentralkomitee der SED eine wissenschaftliche Festgabe, die mehrere hundert wissenschaftliche Arbeiten von Akademiemitgliedern, Professoren und wissenschaftlichen Mitarbeitern der Akademie enthielt.

Am Leibniztag der Akademie 1961 berichtete der Präsident — wie jedes Jahr am gleichen Tage — über Erfolge der wissenschaftlichen und wissenschaftspolitischen Tätigkeit der Akademie. Was diese Rede besonders kennzeichnete, war, daß in ihr — anknüpfend an die Rede des Präsidenten JOHANNES STROUX anläßlich der Wiedereröffnung der Akademie im Jahre 1946 — die gesellschaftliche Stellung und Aufgabe der Akademie unter den konkreten Bedingungen der gegenwärtigen Periode formuliert worden ist. WERNER HARTKE führte aus: „Unsere Akademie ist die Deutsche Akademie der Wissenschaften. Sie wird den Namen und seinen Inhalt nicht aufgeben. Aber in den über 15 Jahren, seitdem die Akademie diesen Namen trägt, ist es notwendig geworden, zu definieren, was deutsch heißt. Deutsch heißt nicht politische und wirtschaftliche Ausbeutung anderer Völker, heißt nicht Überheblichkeit, heißt nicht Rassenwahn, heißt nicht Aufrüstung des alten gescheiterten deutschen Militarismus und heißt nicht antisozialistisch, antikommunistisch und antisowjetisch. Deutsch heißt heute: Schonungslose nationale Selbstkritik, Bewältigung der deutschen Vergangenheit, richtige Lehren für die Zukunft des deutschen Volkes ... Unser nationales Anliegen, das auch dem elementaren Bedürfnis der Akademie entspricht, ist nur zu verwirklichen, wenn der von der deutschen Arbeiterklasse gewiesene Weg der deutschen Geschichte beschritten wird und unsere sozialistische deutsche Gesellschaft immer weitere Fortschritte macht." Anknüpfend an gute Traditionen der Akademie eröffneten aus den Reihen ihrer Mitglieder vor allem führende Naturwissenschaftler die Diskussion über die nationale Frage in Deutschland und ihre richtige Beantwortung; Akademiemitglieder nahmen Stellung auch zu Grundfragen der Sicherung des Friedens und gegen die Bedrohung der humanistischen deutschen Wissenschaft und Kultur durch aggressive imperialistische Kräfte. Die Akademie, die bereits vor Jahren mit ihrer Erklärung gegen den wiederaufkommenden Antisemitismus in Westdeutschland große Zustimmung aus aller Welt fand, gab nach der Sicherung der Staatsgrenze der DDR am 13. August 1961, die den Frieden in Deutschland sicherte und Voraussetzungen für einen schnellen Aufstieg auch der Wissenschaften in der DDR schuf, am 14. September 1961 eine Erklärung zur Friedensfrage ab, die breiten Widerhall fand. Die führenden Wissenschaftler, die auf Grund ihrer Erkenntnisse in Natur- und Gesellschaftswissenschaften die Wirkungen der Wissenschaften, ihre Möglichkeiten und die Möglichkeiten ihrer Ausnutzung für humanistische und für

Abb. 29. Anläßlich der 100. Wiederkehr des Todestages ALEXANDER VON HUMBOLDTS gestiftete Alexander v. Humboldt-Plakette

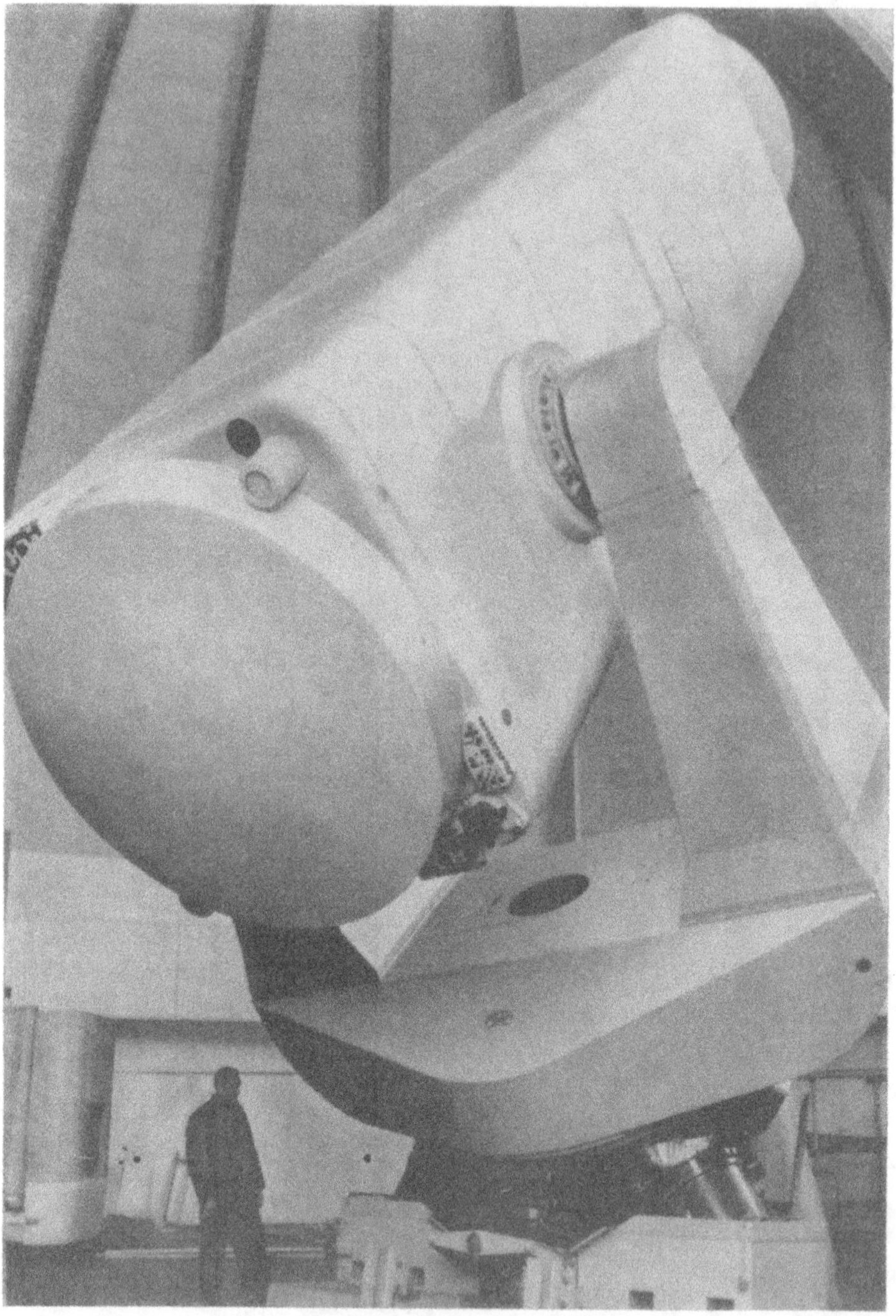

Abb. 30. Das 2-m-Spiegelteleskop des Karl-Schwarzschild-Observatoriums in Tautenberg bei Jena

menschheitsfeindliche Ziele am besten übersehen können, sind in der Akademie zu offenen Verfechtern des Friedens, des Humanismus und des gesellschaftlichen Fortschritts geworden, und im Unterschied zu allen Perioden ihrer Geschichte ist sich die Akademie ihrer gesellschaftlichen Stellung, Rolle und Bedeutung bewußt geworden — eine Tatsache, die sie auch dem Volke in unserem Land näher gebracht hat. Die hohen wissenschaftlichen Leistungen der Akademie, eine klare wissenschafts-politische Generallinie und die Konsequenz des Auftretens ihrer Mitglieder führten zur Verstärkung des internationalen Ansehens der Akademie.

Das Jahr 1962, in welchem dem Forschungsrat der DDR eine erhöhte Verantwortung übertragen wurde, leitete u. a. mit der „Ordnung des Ministerrates über die zentrale Planung und Organisation der wissenschaftlich-technischen Arbeit" auch für die Akademie eine weitere Etappe ihrer Forschungsarbeit und ihrer Beteiligung an der Forschung und an der Planung der Forschungsarbeit in der DDR ein. Im naturwissenschaftlich-technischen und im gesellschaftswissenschaftlichen Forschungsbereich wurde der Prozeß der Profilierung der Institute und Einrichtungen der Akademie systematisch fortgeführt. Anläßlich des VI. Parteitages der Sozialistischen Einheitspartei Deutschlands veröffentlichten das Erweiterte Präsidium der Akademie und der Vorstand der Forschungsgemeinschaft eine Erklärung und einen Aufruf der Akademie zum VI. Parteitag. Dieses Dokument, das den Charakter einer Grundsatzerklärung trug, war zugleich das erste zusammengefaßte Programm, in dem die wichtigsten Forschungsaufgaben der Akademie enthalten waren. Erklärung und Aufruf bildeten für die Institute und Einrichtungen eine wesentliche Grundlage für die Ausarbeitung ihrer speziellen Schwerpunktaufgaben. Im gleichen Jahre wurde unter dem Vorsitz des Präsidenten Hartke aus dem Kreise des Erweiterten Präsidiums der Akademie eine Statutenkommission gebildet. In ausführlichen Beratungen wurde der Entwurf eines neuen Statuts vorbereitet und am 5. Mai 1963 vom Plenum angenommen. Die Akademie gab sich, wie es in der Präambel des Statutes heißt, dieses Statut „eingedenk der humanistischen Überlieferung der Vergangenheit, eingedenk der nationalen Verpflichtung, in Beherzigung der Lehren aus der deutschen Geschichte mit Hilfe der Wissenschaft zu einer demokratischen und friedlichen Zukunft des deutschen Volkes beizutragen und damit die Lösung der nationalen Fragen zu fördern."

Das neue Statut spiegelt den erreichten Stand der Entwicklung der Akademie seit ihrer Wiedereröffnung wider, einer Entwicklung, die kontinuierlich erfolgt ist, und die mit der allgemeinen gesellschaftlichen Entwicklung in der Deutschen Demokratischen Republik Schritt gehalten hat. Das Statut, als das Grundgesetz der Akademie, geht davon aus, daß die Akademie zu den bedeutendsten wissenschaftlichen Institutionen in der Deutschen Demokratischen Republik zählt. Das wichtigste Kennzeichen der Deutschen Akademie der Wissenschaften zu Berlin besteht darin, daß sie eine Gemeinschaft hervorragender Wissenschaftler und Persönlichkiten aus allen Hauptgebieten der Wissenschaften ist, wobei diese Wissenschaftler und Persönlichkeiten anerkannte schöpferische Verdienste um die Wissenschaft besitzen und nach Persönlichkeit und wissenschaftlicher Leistung die Wissenschaft und die Gesellschaft maßgeblich bereichern.

Die Akademie als Gemeinschaft hervorragender Gelehrter zählt gegenwärtig 275 Mitglieder.[1] Von ihnen sind 157 Ordentliche Mitglieder, 118 Korrespondierende Mitglieder und ausländische Korrespondierende Mitglieder. Akademiemitglieder werden auf Lebenszeit gewählt.

Akademiemitglieder, die regelmäßig an den Sitzungen und Arbeiten des Plenums und der Klassen teilnehmen, haben den Status eines Ordentlichen Mitgliedes. Ordentliche Mitglieder haben das Recht, in allen Sitzungen bei Beschlüssen abzustimmen. Sie haben aber auch bis zu ihrem 65. Lebensjahr die Pflicht, an der Arbeit der Akademie und ihren Sitzungen regelmäßig teilzunehmen. Die Zahl der Ordentlichen Mitglieder unter 65 Jahren beträgt bis zu 90. Sie bilden das Plenum der Akademie. Mitglieder, die bis zu ihrem 65. Lebensjahr den Status eines Ordentlichen Mitgliedes innehaben, d. h., die bis zu diesem Zeitpunkt regelmäßig aktiv an den Arbeiten der Akademie teilgenommen haben, behalten auch nach ihrem 65. Lebensjahr den Status eines Ordentlichen Mitgliedes bei. Ordentliche Mitglieder erhalten eine Dotation und die Goldene Ehrennadel der Akademie.

Abb. 31. Albert Schweitzer
Ehrenmitglied der Akademie seit 1929
(14. 1. 1875 bis 5. 9. 1965)

Akademiemitglieder, die den Status eines Korrespondierenden Mitgliedes innehaben, sind Mitglieder, die sich der Akademie ohne regelmäßige Beteiligung an den Sitzungen des Plenums und der Klassen verbunden fühlen. Bei Korrespondierenden Mitgliedern wird unterschieden zwischen Korrespondierenden Mitgliedern aus dem Ausland und Korrespondierenden Mitgliedern aus der DDR, Westdeutschland und Westberlin. Korrespondierende Mitglieder haben das Recht, an wissenschaftlichen Sitzungen der Akademie teilzunehmen, aber sie sind nicht dazu verpflichtet. Sie haben kein Stimmrecht.

Bei ausländischen Korrespondierenden Mitgliedern handelt es sich um hervorragende Wissenschaftler aus aller Welt. Die Akademie hat zur Zeit 75 ausländische Korrespondierende Mitglieder aus 24 Ländern, 36 Korrespondierende Mitglieder aus Westdeutschland und 7 Korrespondierende Mitglieder aus der DDR.[1]

[1] Stand: Leibniz-Tag 1966.

Persönlichkeiten, die sich in vielseitiger Weise außergewöhnliche Verdienste, auch um den Fortschritt der Wissenschaft oder ihre Anwendung im Dienste der Menschheit erworben haben, können zu Ehrenmitgliedern gewählt werden.[1]

Alle Akademiemitglieder erhalten das Jahrbuch der Akademie und auf Wunsch „Abhandlungen“ und „Sitzungsberichte“ des Plenums und der Klassen.

Mit dem neuen Statut hat die Akademie die Möglichkeit geschaffen, daß durch die Klassen der Akademie insbesondere jüngere geeignete Persönlichkeiten für die Dauer eines Jahres als Gäste (Hospitanten) berufen werden können. Diese Gäste nehmen für die Zeit ihrer Berufung mit beratender Stimme an wissenschaftlichen Sitzungen der Klassen teil. So besteht die Möglichkeit, solche jüngere Wissenschaftler, die bereits bedeutende Leistungen aufzuweisen haben, zeitweise an den Arbeiten der Klassen zu beteiligen.

Die Mitglieder der Akademie verteilen sich je nach ihrem wissenschaftlichen Fachgebiet auf 6 Klassen. Es bestehen folgende Klassen:

Klasse für Mathematik, Physik und Technik,
Klasse für Chemie, Geologie und Biologie,
Klasse für Bergbau, Hüttenwesen und Montangeologie,
Klasse für Medizin,
Klasse für Sprachen, Literatur und Kunst,
Klasse für Philosophie, Geschichte, Staats-, Rechts- und Wirtschaftswissenschaften.

Die Akademiemitglieder treffen sich regelmäßig zu wissenschaftlichen Sitzungen der Klassen und auch zu wissenschaftlichen Sitzungen aller Akademiemitglieder, des Plenums der Akademie. Das Plenum tritt mit Ausnahme der Ferienzeit einmal im Monat zu wissenschaftlichen Sitzungen zusammen, so daß es — außer den zusätzlichen Geschäftssitzungen — etwa zehnmal im Jahr zu wissenschaftlichen Beratungen zusammenkommt. Auf diesen Sitzungen werden ausgewählte wissenschaftliche Vorträge gehalten, insbesondere über wichtige Forschungsergebnisse und bedeutende wissenschaftliche Fragen und Probleme. Im Plenum werden auch Gastvorträge international angesehener Gelehrter gehalten, und es wird der Gedankenaustausch über den gegenwärtig höchsten Stand verschiedener Fachwissenschaften gepflegt. Außerdem werden von den Mitgliedern kürzere, allgemein interessierende wissenschaftliche Mitteilungen vorgetragen. Zu besonders wichtigen Problemen führt das Plenum wissenschaftliche Konferenzen durch. Im Geschäftsteil der Sitzungen werden außerdem Beschlüsse von grundlegender Bedeutung gefaßt, die von den Präsidien der Akademie vorbereitet werden. Solche Beschlüsse sind z. B. Beschlüsse über die Verleihung hoher akademischer Auszeichnungen, über die Ernennung von Professoren der Akademie und die Wahl des Präsidenten und anderer akademischer Leiter und die Wahl neuer Mitglieder.

Die Klassen der Akademie tagen mit Ausnahme der Ferienzeit zweimal im Monat, also 20mal im Jahr. In den Klassen werden ebenfalls wissenschaftliche Vorträge gehalten und wissenschaftliche Mitteilungen gegeben, jedoch speziellerer Art als im Plenum. Akademiemitglieder legen in den Klassen neue Manuskripte oder bedeutende gedruckte Veröffentlichungen vor, um damit auf ihre bedeutend-

[1] Eines der bedeutendsten Ehrenmitglieder der Akademie war ALBERT SCHWEITZER, der bis kurz vor seinem Tode mit der Akademie in engem Kontakt stand (Abb. 31).

Abb. 32. Sitzung des Plenums aus dem Jahre 1964

sten Forschungsergebnisse hinzuweisen. Außerdem werden in den Klassen Beschlüsse gefaßt oder vorbereitet, die die speziellen Fachgebiete betreffen.

Um einen wesentlich größeren Kreis der Wissenschaftler, z. B. aus Hochschulen, Universitäten und anderen Forschungseinrichtungen, aber auch aus der Praxis und aus der Industrie an den Arbeiten der Akademie zu beteiligen und Wissenschaft und Praxis sinnvoll zu verbinden, bestehen seit langem für wichtige Fachgebiete Sektionen. Sektionen sind Fachgremien, in denen Akademiemitglieder und eine größere Zahl der erwähnten Wissenschaftler, die nicht Akademiemitglieder sind, über Fragen des bestimmten Faches beraten. Die Akademie hat gegenwärtig etwa 30 Sektionen auf den wichtigsten Gebieten der Naturwissenschaften, der Mathematik, der Montanwissenschaften, der Medizin, der Psychologie, der Sprache und Literatur, der Philosophie, der Geschichte, der Staats-, Rechts- und Wirtschaftswissenschaften. Es gibt so z. B. die Sektion für Physik, für Chemie, für Biologie, für Bergbau, für Altertumswissenschaften, für Wirtschaftswissenschaften und Sektionen für die verschiedensten Fächer der Medizin. Infolge des schnellen Fortschritts der Naturwissenschaften und der fortschreitenden Spezialisierung gibt es bei einer Reihe von Sektionen ständige oder zeitweilige Unterkommissionen, in denen spezielle Probleme beraten werden.

Zu den Aufgaben der Sektionen, die im Laufe der Zeit größer geworden sind, gehört entsprechend dem neuen Statut insbesondere die Beobachtung der wissenschaftlichen Entwicklung ihres Fachgebietes. Sektionen können Gutachten erstatten und wissenschaftliche Tagungen zur Klärung grundlegender Probleme veranstalten.

Ein wichtiges Kennzeichen der Akademie besteht darin, daß sie die Trägerin zahlreicher und großer Forschungsinstitute ist. Die Akademie umfaßt zwei große Forschungsbereiche, den naturwissenschaftlich-technischen Forschungsbereich und den gesellschaftswissenschaftlichen Forschungsbereich.

Der naturwissenschaftlich-technische Forschungsbereich der Akademie umfaßt naturwissenschaftliche, technische und medizinische Sektionen und die 1957 gebildete Forschungsgemeinschaft der naturwissenschaftlichen, technischen und medizinischen Institute der Akademie. Die Forschungsgemeinschaft der naturwissenschaftlichen, technischen und medizinischen Institute arbeitet mit ihren etwa 75 Instituten auf den verschiedenen Gebieten der Physik, Geophysik, Astronomie, Technik, Mathematik, Chemie, Biologie, Geologie und Medizin auf der Grundlage eines Perspektivplanes der naturwissenschaftlichen Forschung. In den Instituten und Einrichtungen der Forschungsgemeinschaft wird vornehmlich Grundlagenforschung betrieben, die den notwendigen wissenschaftlichen Vorlauf schafft. Ein weiterer beträchtlicher Teil dient der angewandten Forschung, die mehr oder weniger kurzfristig in die Praxis überführt werden kann und damit der schnellen Entwicklung unseres Landes zugute kommt.

Die Forschungsgemeinschaft der naturwissenschaftlichen, technischen und medizinischen Institute wird von einem Vorsitzenden geleitet, der zugleich Vizepräsident der Akademie ist (Abb. 33). Das 1957 gebildete Kuratorium ist aufgelöst. Dem Vorsitzenden stehen kollektive beratende Organe zur Seite. Für die einzelnen Hauptgebiete der naturwissenschaftlichen, technischen und medizinischen Wissenschaften bestehen Fachbereiche. Sie werden von Vorsitzenden geleitet, die zugleich Stellvertreter des Vorsitzenden der Forschungsgemeinschaft sind. Es gibt die Fachbereiche für Physik Nord, für Physik Süd, für Chemie und für Medizin und Biologie. Zu diesen Fachbereichen gehören die entsprechenden Institute innerhalb der Forschungsgemeinschaft. Eine solche Form der Zusammenfassung und Leitung hat sich als sehr zweckmäßig erwiesen, zumal neben den Instituten in Berlin auch eine Reihe von Instituten infolge der historischen Entwicklungsbedingungen und auch wegen der speziellen Erfordernisse der Forschung der DDR sich in anderen Städten der DDR befinden. Mehrere Institute gibt es z. B. in Leipzig, Jena, Berlin-Buch und Berlin-Adlershof. Örtlich sind solche Institute der Forschungsgemeinschaft zu Forschungszentren vereinigt. Gegenwärtig arbeiten in der Forschungsgemeinschaft etwa 11000 Mitarbeiter, davon etwa 2500 Wissenschaftler und 6000 wissenschaftlich-technische Kräfte.

Abb. 33. Hermann Klare, Vizepräsident und Vorsitzender der Forschungsgemeinschaft, auf dem II. Internationalen Chemiefaser-Symposium im Jahre 1965

Die Forschungsgemeinschaft, deren Institute hervorragende wissenschaftliche Leistungen aufzuweisen haben, hat darüber hinaus wesentlich beigetragen, eine geeignete Methode der Wissenschaftsplanung für die gesamte DDR zu entwickeln. Die Leitung der Forschungsgemeinschaft, viele Wissenschaftler und wissenschaftliche Mitarbeiter, die in der Wissenschaftsorganisation der Forschungsgemeinschaft tätig sind, wirken bei der Perspektivplanung der Grundlagenforschung der DDR mit.

Der gesellschaftswissenschaftliche Forschungsbereich der Akademie umfaßt die gesellschaftswissenschaftlichen Sektionen und die Arbeitsgemeinschaft der gesellschaftswissenschaftlichen Institute und Einrichtungen. Die Arbeitsgemeinschaft der gesellschaftswissenschaftlichen Institute und Einrichtungen arbeitet mit ihren etwa 20 Instituten und Einrichtungen auf dem Gebiet der Sprachen, Literaturwissenschaften, Altertumswissenschaften, Orientforschung, Philosophie, Geschichte, Staats-, Rechts- und Wirtschaftswissenschaften ebenfalls auf der

Grundlage eines Perspektivplanes der gesellschaftswissenschaftlichen Forschung. Der Zusammenschluß der gesellschaftswissenschaftlichen Institute zur Arbeitsgemeinschaft erfolgte 1963 auf Grund des neuen Statuts. Die gesellschaftswissenschaftlichen Institute und Einrichtungen, die schon vor ihrem Zusammenschluß zur Arbeitsgemeinschaft beträchtliche Forschungsergebnisse erzielt hatten, haben seit ihrem Zusammenschluß zur Arbeitsgemeinschaft jedoch noch größere Erfolge aufzuweisen. Das betrifft zum Beispiel Grundlagenforschungen des Instituts für Wirtschaftswissenschaften und die neusten Forschungen und Veröffentlichungen

Abb. 34 Leo Stern, Vizepräsident und Vorsitzender der Arbeitsgemeinschaft, im Gespräch mit dem sowjetischen Historiker P. N. Pospelow auf der Internationalen Arbeitstagung Die „Befreiung Deutschlands vom Hitlerfaschismus" im Jahre 1965

auf den Gebieten der Geschichte, der Philosophie, der Sprachwissenschaften und der Literaturgeschichte.

Die Ergebnisse der gesellschaftswissenschaftlichen Forschungen tragen erheblich zur kulturellen Bildung und zur sozialistischen Entwicklung unserer Gesellschaft, aber auch — wie z. B. Forschungen des Instituts für Wirtschaftswissenschaften — zur materiellen Entwicklung unseres Landes bei. Die Arbeitsgemeinschaft der gesellschaftswissenschaftlichen Institute und Einrichtungen hat eine große Verantwortung auch dadurch übertragen erhalten, daß sie zugleich Koordinator bedeutender Zweige der gesellschaftswissenschaftlichen Forschung in der Deutschen Demokratischen Republik ist.

Die Arbeitsgemeinschaft der gesellschaftswissenschaftlichen Institute und Einrichtungen wird von einem Vorsitzenden geleitet, der ebenfalls zugleich Vizepräsident der Akademie ist (Abb. 34). Dem Vorsitzenden steht ein Vorstand als beratendes Organ zur Seite. Für die einzelnen Hauptgebiete der Gesellschaftswissenschaften bestehen Fachkommissionen, die von einem Vorsitzenden geleitet werden.

Zu einer wissenschaftlichen Arbeit gehört, daß in organisierter Form die wissenschaftlichen Ergebnisse aus aller Welt auf dem Wege der Information und Dokumentation den Forschern zur Verfügung gestellt werden. Diese große Aufgabe führen für viele Zweige der Naturwissenschaften und der Technik die wissenschaftlichen Redaktionen der Zentralblätter der Akademie aus. Die bedeutendste Publikation ist das von der Redaktion des Chemischen Zentralblatts herausgegebene „Chemische Zentralblatt", das seit über 130 Jahren erscheint. Neben diesen erscheinen innerhalb der Akademie auch das „Mathematische Zentralblatt" und andere Zentralblätter.

Im gesellschaftswissenschaftlichen Forschungsbereich wird ebenfalls die Information und Dokumentation in den verschiedensten Bereichen der gesellschaftswissenschaftlichen Forschung entwickelt. Im Frühjahr 1966 wurde die Zentrale Leitung für die gesellschaftswissenschaftliche Information und Dokumentation gebildet. Sie sichert, daß die wichtigsten Ergebnisse der gesellschaftswissenschaftlichen Forschung mit Hilfe verschiedener Leitstellen schnell ausgewertet und den Forschern in der DDR zur Verfügung gestellt werden.

Die Leitungstätigkeit in der Akademie ist im neuen Statut und auf dessen Grundlage entsprechend den jetzigen Erfordernissen geregelt, die bei einer großen Akademie der Wissenschaften, die zugleich ein mächtiges Forschungspotential besitzt, bestehen, und sie geht wesentlich davon aus, daß die Wissenschaft von Wissenschaftlern selbst geleitet werden muß.

Es wird zwischen kollektiven Leitungsorganen und Einzelleitern unterschieden. Soweit Leitungsfunktionen von kollektiven akademischen Leitungsorganen der Akademie ausgeübt werden, trägt jedes Mitglied eines solchen Organs die persönliche Mitverantwortung für alle von dem betreffenden Organ gefaßten Beschlüsse. Beschlüsse kollektiver akademischer Leitungsorgane betreffen vor allem Festlegungen, die sich auf die Lage, die Beratung und die zu erwartende Entwicklung der verschiedensten Forschungsgebiete und auf andere grundsätzliche Fragen beziehen. Im übrigen gilt in der Akademie das Prinzip der Einzelleitung und der persönlichen Verantwortung. Die Einzelleitung schließt die kollektive Beratung der zu entscheidenden Fragen ein. Entscheidungen der Einzelleiter betreffen Festlegungen über die Richtung und die Organisation der Arbeit. Ein wesentliches Merkmal der Leitungstätigkeit ist die Kontrolle über die Verwirklichung der gefaßten Beschlüsse. Als kollektive Leitungsorgane für die Gesamtakademie bestehen

das Präsidium,
das Geschäftsführende Präsidium und
das Erweiterte Präsidium.

Zum Präsidium gehören der Präsident, der zugleich Vorsitzender des Präsidiums und des Plenums ist. Weiter gehören dazu die Vizepräsidenten der beiden Forschungsbereiche und die Vorsitzenden der beiden Institutsgemeinschaften, die zugleich Vizepräsident sind. Zum Präsidium gehören weiter der Generalsekretär, der zugleich Geschäftsführer der Präsidien und des Plenums ist, die Sekretare der 6 Klassen, der Vorsitzende des Sektionsrates beim Sektionskonsilium im naturwissenschaftlich-technischen Forschungsbereich und 2 Stellvertreter des Generalsekretärs. Diese Mitglieder des Präsidiums haben beschließende Stimme.

Zur Behandlung bestimmter Fragen und in besonderen Fällen können weitere Mitglieder und Mitarbeiter der Akademie und Vertreter von Wissenschaft und Praxis außerhalb der Akademie zu Sitzungen eingeladen werden. Das Präsidium ist das kollektive akademische Leitungsorgan für grundlegende wissenschaftliche Aufgaben der Gesamtakademie. In seinen Sitzungen werden grundlegende Probleme der Forschung und der Wissenschaftspolitik behandelt, die wissenschaftliche Arbeit des Plenums und der Klassen beraten, geplant und koordiniert, wissenschaftliche Pläne z. B. über die Durchführung wissenschaftlicher Tagungen und Kongresse beraten und beschlossen. Das Präsidium schlägt auch dem Plenum oder den Klassen die Bildung von Kommissionen für akademische Aufgaben und Unternehmen vor, bestätigt Wahlen u. a. m.

Das Präsidium tagt in der Regel zweimal in 3 Monaten. Die Beratung einiger grundsätzlicher Fragen der Akademie erfolgt im Erweiterten Präsidium. Solche Sitzungen finden in der Regel ein- bis zweimal im Jahr statt.

Zum Geschäftsführenden Präsidium gehören der Präsident als Vorsitzender, die Vizepräsidenten und Vorsitzenden der Institutsgemeinschaften, der Generalsekretär als Geschäftsführer und zwei seiner Stellvertreter.

Das Geschäftsführende Präsidium leitet die Arbeit der Akademie und überwacht die Einhaltung des Statuts und die Erledigung der Beschlüsse. Im Geschäftsführenden Präsidium werden die Sitzungen des Präsidiums vorbereitet, Wahlvorschläge und Wahlen bestätigt, über die Mitgliedschaft der Akademie in Internationalen Organisationen entschieden und alle grundlegenden wissenschafts-organisatorischen Beschlüsse gefaßt, die die gesamte Akademie, einschließlich ihrer Forschungsbereiche, betreffen. Das Geschäftsführende Präsidium tagt in der Regel zweimal im Monat.

Kollektive Leitungsorgane der Akademie sind weiter Kommissionen für akademische Unternehmen des Plenums und der Klassen. Hierbei handelt es sich meist um Traditionsunternehmen, die über einen längeren Zeitraum — in der Regel über mehrere Jahre und sogar Jahrzehnte — bestehen. Die akademischen Kommissionen, die aus Akademiemitgliedern und anderen bedeutenden Wissenschaftlern des In- und Auslandes zusammengesetzt sind, leiten die wissenschaftlichen Arbeiten solcher Unternehmen. In der Akademie bestehen z. B. solche bedeutenden Traditionsunternehmen wie das Wörterbuch der Gebrüder Grimm, die Alexander-von-Humboldt-Kommission, die Leibniz-Kommission u. a. Akademische Kommissionen werden durch Wahl des Plenums oder der Klassen gebildet.

Schließlich bestehen bei der Akademie Nationalkomitees zur Wahrnehmung der Vertretung der Wissenschaft der DDR in internationalen wissenschaftlichen Institutionen und Organisationen. Ihnen gehören jeweils hervorragende Fachwissenschaftler an. Die Nationalkomitees werden in ihrer Tätigkeit vom Generalsekretär der Akademie angeleitet.

Im Rahmen des Leitungssystems der Akademie besteht neben und außer den kollektiven Leitungsorganen das Prinzip der verantwortlichen Einzelleitung.

Die für die Gesamtakademie bzw. für große Bereiche der Akademie verantwortlichen Einzelleiter sind der Präsident, die Vizepräsidenten für den naturwissenschaftlichen und für den gesellschaftswissenschaftlichen Forschungsbereich, die Vizepräsidenten und Vorsitzenden der Institutsgemeinschaften, der Generalsekretär, die Sekretare der Klassen und Leiter der Sektionskonsilien. Sie müssen Ordentliche Mitglieder der Deutschen Akademie der Wissenschaften zu Berlin sein.

Der Präsident, die Vizepräsidenten der beiden Forschungsbereiche und die Sekretare der Klassen werden jeweils für die Dauer von 4 Jahren vom Plenum gewählt, der Generalsekretär wird ebenfalls vom Plenum gewählt. Seine Amtszeit ist unbefristet. Dadurch ist eine kontinuierliche Geschäftsführung gewährleistet. Die Wahlen werden vom Vorsitzenden des Ministerrates der DDR bestätigt.

Einzelleiter in der Akademie sind weiter Leiter der Institute, Vorsitzende von Sektionen, Räten und Kommissionen.

Der Präsident ist der höchste akademische Leiter und Repräsentant der Akademie. Er vertritt die Akademie in der Öffentlichkeit und führt den Vorsitz im Plenum und in den Präsidien. Ihm obliegt zusammen mit den übrigen Persönlichkeiten der Akademieleitung die Sorge für den geregelten Ablauf der akademischen Arbeiten und für die Einhaltung des Statuts.

Die Vizepräsidenten für den naturwissenschaftlich-technischen und für den gesellschaftswissenschaftlichen Forschungsbereich tragen die Verantwortung für die Erarbeitung und Festlegung der Entwicklung und der Planung der Forschung in den jeweiligen Forschungsbereichen. Die Vizepräsidenten, die Institutsgemeinschaften leiten, sind verantwortliche Einzelleiter dieser Bereiche, und sie arbeiten in wissenschaftlichen Fragen zugleich mit den jeweiligen Vizepräsidenten der beiden Forschungsbereiche zusammen.

Die Sekretare der Klassen leiten die Arbeiten und die wissenschaftlichen Sitzungen der betreffenden Klasse.

Der Generalsekretär, der die Geschäfte des Plenums und der Präsidien führt, hat zugleich die Funktion des staatlichen Leiters für alle diejenigen, die als Mitarbeiter bei der Zentrale der Akademie tätig sind. Der Generalsekretär koordiniert den Ablauf der Geschäfte in der Akademie und trägt für die Einhaltung der Gesetzlichkeit in der gesamten Akademie die Verantwortung. Er ist auch für die Auslandsbeziehungen zuständig und hat darüber hinaus eine Reihe anderer bedeutender Aufgaben. Ihm unterstehen eine Reihe zentraler wissenschafts-organisatorischer Einrichtungen zur Erfüllung der zentralen Aufgaben der Akademie.

Von diesen Einrichtungen seien genannt:

Das Büro des Generalsekretärs, das die Sitzungen der Präsidien und des Plenums vorbereitet und die Bearbeitung der Beschlüsse der Präsidien sichert. Das Büro des Generalsekretärs hält auch gleichzeitig die erforderlichen Verbindungen zu anderen wissenschafts-organisatorischen Einrichtungen der Akademie und zu Leitungsorganen.

Die Abteilung für auswärtige und internationale Angelegenheiten, in der hauptsächlich die wissenschafts-organisatorischen Arbeiten für die vielfältigen Beziehungen der Akademie zu wissenschaftlichen Akademien und anderen Institutionen im Ausland geleistet werden.

Die Abteilung für Protokoll- und Tagungsangelegenheiten, die für die Durchführung des akademischen Protokolls zuständig ist und für die planmäßige, wissenschafts-organisatorische und finanzielle Sicherung, den Ablauf und die Auswertung wissenschaftlicher Tagungen und Kongresse der Akademie Sorge trägt.

Die Abteilung Presse und Berichtswesen.

Es gibt darüber hinaus noch andere Abteilungen, wie z. B. die Abteilung für Plankoordinierung sowie die Verwaltung, die zum Teil für den Gesamtbereich der Akademie, zum Teil für einzelne Forschungsbereiche tätig sind.

Zur Akademie gehören das Zentrale Akademie-Archiv und die Hauptbibliothek.

Da zu einer echten wissenschaftlichen Arbeit auch die Möglichkeit gehört, Vorträge und Forschungsergebnisse gedruckt erscheinen zu lassen, gibt die Akademie die „Abhandlungen" und „Sitzungsberichte" des Plenums bzw. der Klassen und „Vorträge und Schriften" der Akademie heraus. Sie enthalten wissenschaftliche Vorträge ihrer Mitglieder und von Akademiemitgliedern im Plenum bzw. in den Klassen vorgelegte und darauf angenommene Arbeiten anderer Wissenschaftler der Akademie. Herausgegeben werden auch Veröffentlichungen akademischer Gemeinschaftsunternehmen. Von der Akademie werden darüber hinaus auch ein Jahrbuch und die „Monatsberichte" herausgegeben, die Mitteilungen aus Mathematik, Naturwissenschaften, Medizin und Technik enthalten. Die Institute und Institutsgemeinschaften der Akademie veröffentlichen ihre Arbeiten in Fortsetzungswerken, Schriftenreihen und Zeitschriften.

Der Akademie ist ein bedeutender und großer Verlag, der „Akademie-Verlag" nachgeordnet.[1] Für die wissenschaftliche Anleitung des Akademie-Verlages, in dem fast alle bedeutenden wissenschaftlichen Publikationen der Akademie und ihrer Institute, aber auch Bücher anderer Autoren und viele Zeitschriften erscheinen, besteht ein wissenschaftlicher Beirat der Akademie, der gemäß dem Statut vom Präsidenten der Akademie geleitet wird. Dieser Beirat berät und bestätigt auch die Verlagspläne.

Die Akademie hat das Recht, wissenschaftliche Grade zu verleihen. Sie verleiht den Titel ‚Professor' an hervorragende Wissenschaftler der Akademie. Seit ihrer Wiedereröffnung hat sie diesen Titel 58mal verliehen, davon nach der Verabschiedung des neuen Statuts 14mal[2]. Auf Grund des neuen Statuts erhielt die Akademie auch das Promotionsrecht.

An wissenschaftlichen Auszeichnungen verleiht die Akademie gemäß ihrem Statut und spezieller Ordnungen jedes dritte Jahr ihre höchste wissenschaftliche Auszeichnung, die Helmholtz-Medaille. In gleichen Zeiträumen wird der Friedrich-Engels-Preis verliehen. Jedes Jahr am Leibniz-Tag verleiht die Akademie die Leibniz-Medaille.

Die Akademie, die mit ihren Instituten und Einrichtungen heute die größte wissenschaftliche Forschungsinstitution in der Deutschen Demokratischen Republik und zugleich eine der bedeutendsten und größten wissenschaftlichen Institutionen Europas ist, erfährt die größte Hochachtung und gleichzeitig die größte Förderung durch die Regierung der DDR. Wegen ihrer großen und universellen Bedeutung ist die Deutsche Akademie der Wissenschaften zu Berlin nicht einem Ressort-Ministerium, sondern direkt dem Vorsitzenden des Ministerrates der Deutschen Demokratischen Republik unterstellt.

Neben dem Statut der Akademie vom 2. Mai 1963, das vom Ministerrat der DDR am 27. Juni 1963 bestätigt wurde, wurde auch der Beschluß des Ministerrates über „Rolle, Aufgaben und die weitere Entwicklung der Deutschen Akademie der Wissenschaften zu Berlin" vom 27. Juni 1963 verabschiedet, der unter

[1] Der Akademie-Verlag ist zwar formell ein selbständiges Unternehmen im Sinne einer Gesellschaft mit beschränkter Haftung, jedoch ist die Akademie der Hauptgesellschafter.

[2] Stand: Leibniztag 1966.

der Akademie erarbeitet worden war. Der Beschluß orientierte die Akademie maßgeblicher Beteiligung des Präsidenten und weiterer leitender Persönlichkeiten besonders darauf, „die Verbindung zwischen den einzelnen Bereichen der Wissenschaft herzustellen und damit die Einheit des wissenschaftlichen Lebens zu bewahren“; sowie ihre nationale Aufgabe im Sinne der Erklärung des Staatsrates der DDR und des von der Nationalen Front des demokratischen Deutschland beschlossenen Dokumentes „Die geschichtliche Aufgabe der DDR und die Zukunft Deutschlands“ wahrzunehmen.

Im einzelnen war vorgesehen, die Kräfte und Mittel der Forschungsarbeit auf die Entwicklung der Wirtschaft der DDR, besonders der führenden Zweige der Industrie zu konzentrieren, eine engere Verbindung zur gesellschaftlichen Praxis herzustellen und in sozialistischer Gemeinschaftsarbeit einen unmittelbaren Beitrag zur Erreichung des wissenschaftlich-technischen Höchststandes und der Entwicklung einer sozialistischen Nationalkultur zu leisten. Im Auftrage des Forschungsrates der DDR hatte die Akademie zeitweilig Aufgaben der Planung und Koordinierung der Grundlagenforschung auf dem Gebiete der Naturwissenschaften und der Technik in der DDR durchzuführen.

Der Ministerratsbeschluß enthielt große Aufgaben auf verschiedenen Gebieten der Grundlagenforschung, besonders in den führenden Zweigen der Naturwissenschaften — der Mathematik, Physik, Chemie, Biologie, der medizinischen Wissenschaften und der Gesellschaftswissenschaften. Die Akademie erhielt auch den Auftrag, eine Vorlage über die Hauptrichtungen in der gesellschaftswissenschaftlichen Forschung ausarbeiten zu lassen, damit auch in diesem Bereich, wie im naturwissenschaftlichen Forschungsbereich ein fundierter Perspektivplan der wissenschaftlichen Arbeit über einen längeren Zeitraum die Planungsgrundlage für die konkreten Forschungsarbeiten der Institute und Einrichtungen bilden konnte. Dieser Auftrag wurde erfüllt; die Arbeitsgemeinschaft der gesellschaftswissenschaftlichen Institute und Einrichtungen arbeitet auf seiner Grundlage.

Am 10. Oktober 1963 erfolgten nach dem Ablauf der Amtszeit der Mitglieder des Präsidiums Neuwahlen auf der Grundlage des neuen Statuts. Zum Präsidenten wurde — wie schon erwähnt — der Altphilologe Werner Hartke wiedergewählt. Zu Vizepräsidenten wurden gewählt der Physiker Max Steenbeck[1] der Chemiker Hermann Klare und der Historiker Leo Stern. Zu Sekretaren wurden gewählt:

für die Klasse für Mathematik, Physik und Technik
der Physiker Gustav Hertz,

für die Klasse für Chemie, Geologie und Biologie
der Geograph Edgar Lehmann,

für die Klasse für Bergbau, Hüttenwesen und Montangeologie
der Montanwissenschaftler Karl-Friedrich Lüdemann,

für die Klasse für Medizin
der Gynäkologe Helmut Kraatz,

[1] Akademiemitglied Steenbeck wurde am 22. 12. 1965 zum Vorsitzenden des Forschungsrates der DDR berufen. Im Zusammenhang mit dieser Berufung und den mit dieser Funktion verbundenen Verpflichtungen wurde er auf eigenen Wunsch von der Funktion des Vizepräsidenten der Akademie für den naturwissenschaftlichen Forschungsbereich mit Wirkung vom Leibniz-Tag 1966 entpflichtet.

für die Klasse für Sprachen, Literatur und Kunst
der Indologe WALTER RUBEN,

für die Klasse für Philosophie, Geschichte, Staats-, Rechts- und Wirtschaftswissenschaften
der Wirtschaftswissenschaftler FRED OELSSNER.

Auf Vorschlag des Generalsekretärs, GÜNTHER RIENÄCKER, wurden der Physiker ROBERT ROMPE und der Mathematiker HEINRICH GRELL zu Stellvertretern des Generalsekretärs berufen.[1]

Im Jahre 1964 wurde zum ersten Mal die im neuen Statut vorgesehene Hauptversammlung der Akademie durchgeführt. Auf ihr erstatteten der Vizepräsident für den naturwissenschaftlichen Forschungsbereich und die Vorsitzenden der Institutsgemeinschaften Bericht über die Tätigkeit der Forschungsbereiche, und der Generalsekretär berichtete über Fragen der Entwicklung der Akademie seit den Beschlüssen des Jahres 1963. An der Hauptversammlung nahmen vor allem die Leiter der Institute und Einrichtungen sowie leitende Wissenschaftler der Akademie und Persönlichkeiten des öffentlichen Lebens teil.

In den letzten Jahren hat die Effektivität der wissenschaftlichen Arbeit der Akademie weiter beträchtlich zugenommen. Das Plenum führte neben den traditionellen Plenarsitzungen mit wissenschaftlichen Vorträgen ihrer Mitglieder mehrere wissenschaftliche Konferenzen durch, so am 5. November 1964 über „NICOLAUS VON CUES“, am 27. Januar 1966 über „Grundlagenforschung und Technik“, am 20. Oktober 1966 „zum 250. Todestag von GOTTFRIED WILHELM LEIBNIZ“ und am 16. März 1967 — in Fortsetzung der wissenschaftlichen Konferenz vom Januar 1966 — über „Der Einfluß der Grundlagenforschung auf die chemische Industrie und auf die technisch durchgeführten Stoffumwandlungsprozesse“. Verschiedene Klassen kamen mehrfach zu gemeinsamen Klassensitzungen zusammen, um wichtige theoretische Probleme, besonders jene, die Grenzgebiete der Grundlagenforschung betrafen, gemeinsam zu beraten. In den letzten Jahren beteiligte sich die Akademie, vor allem zahlreiche Akademiemitglieder, an der Ausarbeitung und Vervollkommnung des einheitlichen sozialistischen Bildungssystems in der Deutschen Demokratischen Republik. Eine Arbeitsgruppe ‚Die Frau in der sozialistischen Gesellschaft‘, die von einer akademischen Kommission geleitet wird, forscht auf diesem wichtigen Gebiet und koordiniert gleichzeitig alle wissenschaftlichen Arbeiten, die an verschiedenen wissenschaftlichen Institutionen und Einrichtungen in der DDR zu diesem Problem durchgeführt werden. Eine Reihe akademischer Kommissionen aktivierte ihre Tätigkeit. Mitglieder akademischer Kommissionen sind neben am Sitz der Akademie tätigen Mitgliedern vielfach hervorragende Wissenschaftler und Persönlichkeiten aus dem Ausland.[2]

Die Forschungsgemeinschaft, die nach einem Schwerpunktplan arbeitet, hat ihr Profil den Erfordernissen und Möglichkeiten der DDR weiter angepaßt.

[1] Überblick über die Zusammensetzung des Präsidiums und des Geschäftsführenden Präsidiums siehe Anhang.

[2] Liste der bei der Akademie bestehenden Kommissionen siehe Anhang.

Gegenwärtig sind in der Forschungsgemeinschaft der naturwissenschaftlichen, technischen und medizinischen Institute der Akademie 75 Institute und Einrichtungen zusammengefaßt.[1] Die Institute der Forschungsgemeinschaft arbeiten vor allem auf solchen Gebieten der Grundlagenforschung, die der Deutschen Demokratischen Republik hohen wissenschaftlichen Nutzen versprechen und zugleich ausgezeichnete Beiträge zur Weltwissenschaft darstellen, wie z. B. Forschungen auf Gebieten der Hochpolymeren unter Berücksichtigung der Faserstoff-Forschung, der Verfahrenstechnik der organischen Chemie, der Silikatforschung, der stabilen Isotope, der chemischen Technologie der Plaste, der Kunststoffe, der Katalyseforschung, der Mikrobiologie und experimentellen Therapie, der Kulturpflanzenforschung und der Biochemie der Pflanzen, der Relativitätstheorie, der Elementarphysik, der Festkörper- und Halbleiterphysik, der Plasmaphysik, der Geophysik, der extragalaktischen Forschungen u. a. Neben der Grundlagenforschung dient ein beträchtlicher Teil auch der angewandten Forschung, die schnell der Praxis und damit der unmittelbaren Weiterentwicklung der DDR zugute kommt, wie z. B. Ergebnisse der Faserstoff-Forschung, des Korrosionsschutzes, der Bauelemente und Elektronik, der Regelungs- und Steuerungstechnik, sowie medizinische Forschungsergebnisse im Interesse der Förderung der Gesundheit der Bevölkerung.

Die in der Arbeitsgemeinschaft vereinigten gesellschaftswissenschaftlichen Institute der Akademie[1] tragen mit ihren Forschungen wesentlich zur kulturellen Bildung unseres Volkes bei; sie dienen auch dem unmittelbaren sozialistischen Aufbau in unserem Lande. Ihre Institute arbeiten z. B. an Problemen des sozialistischen Aufbaus in der DDR, an Fragen des Zusammenhanges zwischen Sozialismus, technischer Revolution und Wissenschaft, ihre Forschungen betreffen den deutschen Imperialismus, die deutsche Nationalgeschichte, die allgemeine Geschichte und die Theorie und Methodologie der Geschichtswissenschaft, die Philosophie, Literaturwissenschaft, Slawistik, Romanistik, die griechisch-römische Altertumskunde, die Orientforschung, die Sprachwissenschaft, Volkskunde und sorbische Volkskunde, das Völkerrecht, die Kunstgeschichte u. a.

Die Akademie führte in den vergangenen Jahren außer den Plenar- und Klassensitzungen ihrer Mitglieder eine große Anzahl wissenschaftlicher Kongresse, Konferenzen und Tagungen und Kolloquien zu wichtigen Fragen und Problemen der verschiedensten Forschungsrichtungen durch. Aus der Fülle seien genannt aus dem Jahre 1964:

die Tagung der INQUA-Subkommission für Löß-Stratigraphie,

die Tagung des Forschungsinstituts für metallische Spezialwerkstoffe über „Kontakte in der Elektrotechnik“,

die Tagung des Instituts für griechisch-römische Altertumskunde über „Kunst und Politik in der Antike“,

das 2. Erweiterte Kolloquium des Instituts für Faserstoff-Forschung über die Feinstruktur von Hochpolymeren,

das internationale Round-Table-Gespräch der Klasse für Medizin über Analytik von oestrogenen Hormonen und Testosteron,

das 9. Kolloquium über Probleme der Statistischen Qualitätskontrolle,

[1] siehe Anhang.

das Internationale Symposium über kortiko-viszerale Physiologie und Pathologie des Instituts für kortiko-viszerale Pathologie und Therapie,

die Arbeitstagung des Physikalisch-Technischen Instituts über „Probleme des Plasmabrenners",

das Symposium der Sektion für Psychologie und der Sektion für Kybernetik über „Psychologische Probleme kybernetischer Forschungen",

und die Konferenz des Instituts für Geschichte über „Der deutsche Imperialismus und der 1. Weltkrieg".

Aus dem Jahre 1965:

die I. Internationale Tagung des Instituts für Kunststoffe über glasfaserverstärkte Kunststoffe und Epoxydharze,

das II. Chemiefaser-Symposium des Instituts für Faserstoff-Forschung,

Abb. 35. Das Einstein-Symposium vom 2. bis 5. 11. 1965

das Internationale Symposium des Instituts für Ernährung über ernährungsphysiologische und ernährungssoziologische Probleme der Gemeinschaftsverpflegung,

das III. Jenaer Symposium des Instituts für Mikrobiologie und experimentelle Therapie „Elektrochemische Methoden und Prinzipien in der Molekularbiologie", das III. Internationale Symposium des Instituts für Biochemie der Pflanzen über Biochemie und Physiologie der Alkaloide,

die UICC Panel Discussion über Hormone in Genese und Therapie des Mamma-Karzinoms unter Mitwirkung der Klasse für Medizin und des Instituts für Krebsforschung,

das 2. Internationale Symposium Reinststoffe in Wissenschaft und Technik des Instituts für Metallphysik,

die Weierstrass-Gedenktagung „Weierstrass und neuere Entwicklungen in der Mathematik",

die IV. Arbeitstagung über stabile Isotope des Instituts für stabile Isotope, das Einstein-Symposium „Entdeckung, Entwicklung und Perspektiven der Einsteinschen Gravitationstheorie" aus Anlaß des 50. Jahrestages der Entdeckung der allgemeinen relativistischen Gravitationsgleichungen und ihrer Vorlage in der Gesamtsitzung der Berliner Akademie am 4. November 1915 durch ALBERT EINSTEIN,

die Tagung des Instituts für Wirtschaftswissenschaften über das staatsmonopolistische Herrschaftssystem in Westdeutschland,

der Philosophische Kongreß der Sektion für Philosophie „Die marxistisch-leninistische Philosophie und die technische Revolution",

die internationale wissenschaftliche Arbeitstagung der Kommission der Historiker der DDR und der UdSSR „Die Befreiung Deutschlands vom Hitlerfaschismus",

und aus dem I. Halbjahr 1966:

die III. Internationale Vortragstagung des Instituts für Fettchemie über grenzflächenaktive Stoffe,

das VIII. Internationale Symposium des Instituts für vergleichende Pathologie über die Erkrankungen der Zootiere,

die II. Berliner Internationale Tagung über Mathematische Statistik und ihre Anwendungen,

die VIII. Regionaltagung der Europäisch-Asiatischen Region des CIG,

die Erwin-Baur-Gedächtnisvorlesungen IV des Instituts für Kulturpflanzenforschung über „Induzierte Mutationen und ihre Nutzung",

die Tagung des Instituts für griechisch-römische Altertumskunde „Das Problem der Klassik im Alten Orient und in der Antike",

die Internationale Konferenz des Instituts für Slawistik über „Die Stellung des Sorbischen in der Slawistik",

die Wissenschaftliche Arbeitstagung des Instituts für Geschichte anläßlich des 25. Jahrestages des Überfalls auf die Sowjetunion.

An vielen Kongressen, Konferenzen und Tagungen beteiligten sich zahlreiche und bedeutende ausländische Gelehrte aus sozialistischen und kapitalistischen Ländern. Andererseits reisten auch viele Akademiemitglieder zu wissenschaftlichen Veranstaltungen in viele Länder der Erde, und sie haben dort von dem erreichten hohen Stand der wissenschaftlichen Arbeiten in der Akademie und in der DDR berichten können.

Erfolgreiche wissenschaftliche Arbeit leisten auch die der Akademie angegliederten wissenschaftlichen Gesellschaften

- die Physikalische Gesellschaft in der DDR,
- die Biophysikalische Gesellschaft in der DDR,
- die Chemische Gesellschaft in der DDR,
- die Deutsche Gesellschaft für Geologische Wissenschaften,
- die Gesellschaft Deutscher Berg- und Hüttenleute,
- die Meteorologische Gesellschaft in der DDR,
- die Brennstofftechnische Gesellschaft in der DDR und
  die Deutsche Astronautische Gesellschaft in der DDR.

Die lebendige Verbindung mit ihrer ehrwürdigen Vergangenheit pflegt die Akademie heute jährlich durch ihren Leibniz-Tag, der seit der Reorganisation der Akademie zu Beginn des 19. Jahrhunderts begangen wird. Die Statuten von 1809 sprachen zunächst nur von feierlichen Sitzungen der Akademie am 24. Januar, dem Geburtstag FRIEDRICHS II., und am Geburtstage des jeweiligen Regenten. In den bestätigten Statuten vom 24. Januar 1812 wird empfohlen, daß eine öffentliche Versammlung stattfinden soll: „am 3ten Julius jedes Jahres als dem Tage der Geburt GOTTFRIED WILHELM FREIHERRN VON LEIBNITZ, des ersten Präsidenten der ersten größtenteils nach seinem Plan eingerichteten hiesigen Societät der Wissenschaften“. Diese Sitzung sollte „zu rechter Zeit“ durch die Zeitungen bekanntgemacht werden, und alle „anständigen Personen“ sollten zu derselben Zutritt haben. Diese Verfügung zeigt, daß man lernen wollte, auch für ein Publikum aus den mittleren Schichten zu schreiben und vorzutragen, wie es ALEXANDER VON HUMBOLDT mit seinen öffentlichen Kosmos-Vorlesungen in der Singakademie eingeleitet hatte, an denen ein Kreis teilnahm, der vom „König bis zum Maurermeister“ reichte. Der Leibniztag änderte jedoch seinen Charakter nicht, sondern blieb eine rein akademische Festsitzung mit einer begrenzten und ausgewählten Zahl von Teilnehmern.

Noch heute zeugen in der Akademie die stattlichen Bände der Sitzungsberichte von den Vorträgen, die bedeutende Mitglieder in jedem Jahre am Leibniztage hielten und in denen sie richtungweisende Gedanken aus allen Wissensgebieten bekanntgaben. An diesem Tage nahmen jährlich von 1812 an Mitglieder zu einem Festvortrage das Wort, neue Mitglieder wurden eingeführt und Verstorbenen ehrende Worte des Gedenkens gewidmet. Seit der Zeit, da der Philosoph und Theologe SCHLEIERMACHER, der Astronom ENCKE, der klassische Philologe BÖCKH, der Philosoph TRENDELENBURG, der Physiologe DU BOIS-REYMOND und die Historiker CURTIUS und MOMMSEN die Leibniz-Reden hielten, zieht sich bis in unser Jahrhundert, da sich der Kunsthistoriker WÖLFFLIN und der Physiker PLANCK unter den Festrednern finden, ein trotz aller Verschiedenheit der Standpunkte ununterbrochener Strom wissenschaftlicher Tradition. Im Rahmen dieser Vorträge wurde der Sinn des Leibniz-Tages gewürdigt, und aus dem Dunkel der Vergangenheit trat die Persönlichkeit des ersten Präsidenten in ihrer überragenden Größe hervor.

Auch heute wird das Andenken an LEIBNIZ wachgehalten. An dem Donnerstag, der dem Geburtstag G. W. LEIBNIZ' (1. Juli) am nächsten liegt, wird der Leibniz-Tag feierlich begangen. Auch heute werden am Leibniz-Tag neuge-

Abb. 36. Der Leibniz-Tag der Akademie im Jahre 1966

wählte Mitglieder eingeführt, und es wird der Verstorbenen gedacht. Ein Höhepunkt des Leibniz-Tages ist nach wie vor der Festvortrag, der von einem Akademiemitglied gehalten wird. Nach der Wiedereröffnung der Akademie im Jahre 1946 haben sich unter den Festrednern befunden der Prähistoriker UNVERZAGT, der Ägyptologe GRAPOW, der Physiker HERTZ, der Landwirtschaftswissenschaftler STUBBE, der Indologe RUBEN, der Romanist KRAUSS, der Chemiker CORRENS sowie die Physiker ERTEL, FRÜHAUF und STEENBECK. In den letzten Jahren sprachen

der Gynäkologe HELMUT KRAATZ über „Medizin als Naturwissenschaft" (1963),
der Ägyptologe FRITZ HINTZE über „Nubien und Sudan — ihre Bedeutung für die alte Geschichte Afrikas" (1964),
der Astronom CUNO HOFFMEISTER über „Der Aufbau der Galaxis" (1965) und
der Mathematiker KARL SCHRÖTER über „LEIBNIZ und das Problem der Grundlegung der Mathematik" (1966).

Neben dem Festvortrag ist ein weiterer Höhepunkt der Bericht des Präsidenten über die Entwicklung der Akademie im abgelaufenen Jahr und über die wichtigsten Aufgaben, die im kommenden Jahr vor der Akademie stehen.

An jedem Leibniz-Tag erfolgt außerdem traditionsgemäß die Verleihung der „Leibniz-Medaille".

Im Jahre 1905 kam zum ersten Mal in der Akademie die Frage der Schaffung dieser Auszeichnung für wissenschaftliche Leistungen oder als Anerkennung von Verdiensten um die Förderung wissenschaftlicher Arbeiten zur Sprache. Auf Anregung des Astronomen und damaligen Sekretars der Physikalisch-mathematischen Klasse, ARTHUR VON AUWERS, beschloß das Plenum der Akademie am 2. November 1905, die Berechtigung zur Verleihung einer Leibniz-Medaille zu erwirken, die anläßlich des Leibniz-Tages in jedem Jahre überreicht werden sollte. Daraufhin wurde amtlicherseits der Akademie die Genehmigung erteilt, „zur Ehrung besonderer Verdienste um die Förderung ihrer Aufgaben alljährlich an ihrem Leibniz-Tag eine Leibniz-Medaille zu verleihen". Als erstem wurde 1907 dem Kunstsammler und Förderer von Grabungen und Mussen JAMES SIMON wegen seiner Verdienste um die antike und moderne Kunstwissenschaft auf Antrag des berühmten Ägyptologen ADOLF ERMAN die Leibniz-Medaille in Gold verliehen. Bis zum Jahre 1944 wurden weitere 141 Persönlichkeiten mit dieser hohen Auszeichnung der Akademie in Gold oder Silber geehrt.

Nach 1945 bewies die Regierung der Deutschen Demokratischen Republik auch hier ein hohes Verständnis für die Pflege akademischer Traditionen, indem sie im Jahre 1952 der Akademie das Recht zur Verleihung der Leibniz-Medaille zusprach, für die ein neues Statut von 1954 die Bedingungen festlegte. Am 27. 1. 1966 erließ das Plenum eine neue Ordnung über die Verleihung der Leibniz-Medaille. Dieser Ordnung gemäß wird die Medaille jährlich am Leibniz-Tag an einzelne Persönlichkeiten oder Arbeitsgemeinschaften in Anerkennung wissenschaftlicher Verdienste verliehen.[1] Mit der Leibniz-Medaille werden wissenschaftliche Leistungen gewürdigt, die durch eine über die berufliche Verpflichtung und Tätigkeit hinaus geleistete Forschung an einem selbstgestellten Problem erzielt

[1] Gemäß der Ordnung können jährlich bis zu drei Leibniz-Medaillen verliehen werden.

wurden und der Allgemeinheit als neuartige und erkenntnisfördernde Ergebnisse zur Verfügung gestellt worden sind (Abb. 37).

Unter den Inhabern der Leibniz-Medaille befinden sich so bekannte Persönlichkeiten, wie Manfred von Ardenne und Nobelpreisträger Werner Forssmann.

Jedes dritte Jahr am Leibniz-Tag kann die Helmholtz-Medaille, die höchste wissenschaftliche Auszeichnung der Akademie, verliehen werden. Diese Aus-

Abb. 37. Die Leibniz-Medaille

Abb. 38. Die Helmholtz-Medaille

zeichnung wurde 1891 anläßlich des 70. Geburtstages des großen deutschen Naturforschers Hermann von Helmholtz gestiftet. Im Jahre 1954 griff die Akademie die Tradition der Verleihung dieser hohen Auszeichnung wieder auf. Entsprechend der vom Plenum am 25. November 1965 bestätigten neuen Ordnung über die Verleihung der Helmholtz-Medaille wird sie an Einzelpersönlichkeiten bzw. Arbeitsgemeinschaften aus allen Ländern in Anerkennung hervorragender wissenschaftlicher Leistungen, die im Dienste der Menschheit erbracht worden sind, verliehen. Diese Leistungen müssen auf dem Gebiet der theoretischen Naturwissenschaften, der Mathematik oder der Erkenntnislehre erbracht werden.

Seit 1892, dem ersten Jahr der Verleihung, erhielten folgende bedeutende wissenschaftliche Persönlichkeiten die Helmholtz-Medaille (Abb. 38):

1892 der Physiologe Emil Du Bois-Reymond,
der Mathematiker Karl Weierstrass,
der Physiker Robert Bunsen,
der theoretische Physiker Lord William Thomson Kelvin,
1899 der Anatom und Pathologe Rudolf Virchow,
1901 der Mathematiker Sir George Gabriel Stokes,
1905 der Pathologe und Histologe Ramón y Cajal,
1907 der Physiker Antoine-Henri Becquerel,
1911 der Chemiker Emil Fischer,
1913 der Botaniker Simon Schwendener,
1915 der theoretische Physiker Max Planck,
1917 der Anatom Richard Hertwig,
1919 der Physiker Conrad v. Röntgen,
1959 der Chemiker Otto Hahn,
der Physiker Gustav Hertz,
der theoretische Physiker Max von Laue,
1961 der theoretische Physiker Niels Bohr,
1963 der Physiker Paul Adrien Maurice Dirac.

Es ist ein erfreuliches Zeichen, daß es der Akademie im Gegensatz zu früher gelungen ist, am Leibniz-Tag mehr und mehr die Öffentlichkeit anzusprechen. Besonders in den letzten Jahren zeigt sich, daß neben den Akademiemitgliedern, Wissenschaftlern und Mitarbeitern der Akademie auch viele Persönlichkeiten aus der Wissenschaft der DDR, der Industrie und aus anderen Bereichen Gäste der Akademie sind. Als ein besonderes Zeichen der engen Verbundenheit der Akademie mit der sozialistischen Gesellschaft in der DDR und der hohen Wertung, die die Akademie in der Deutschen Demokratischen Republik genießt, ist die Teilnahme hoher Vertreter des Staates, der Sozialistischen Einheitspartei Deutschlands und anderer Parteien und gesellschaftlicher Organisationen, die in der Nationalen Front des demokratischen Deutschlands vereinigt sind, zu werten. Gerade durch die Anwesenheit dieser hohen Persönlichkeiten wird sichtbar, was Werner Hartke in seinem Bericht am Leibniz-Tag 1966 ausdrückte: „Es bezeugt das zuverlässige und fruchtbare Bündnis zwischen Geist und Macht in der Deutschen Demokratischen Republik".

Seit 1953, dem 100. Todestag des großen deutschen Gelehrten und Revolutionärs Karl Marx findet jedes Jahr im Mai die öffentliche Karl-Marx-Vorlesung statt. Durch diese Sitzungen des Plenums der Akademie, die einem breiten außerakademischen Kreis zugänglich sind, wird nicht nur dieses großen Deutschen gedacht, sondern es kommt auch durch die Karl-Marx-Vorlesungen zum Ausdruck, daß seine Lehre ihren gebührenden Platz in der wissenschaftlichen Arbeit in der Akademie einnimmt. Von den Festrednern der letzten Jahre und ihren Vorträgen seien genannt:

der Slawist HANS-HOLM BIELFELDT über „Die Befreiung des deutschen Bildungswesens" (1960),
der Wirtschaftswissenschaftler FRIEDRICH BEHRENS über „Ökonomie der Zeit — darin löst sich alle Ökonomie auf — Bemerkungen zur Messung des Nutzeffektes der gesellschaftlichen Arbeit" (1960),
der Chemiker JOHANNES NELLES über „Projekte der Plastwirtschaft unter dem Gesichtspunkt der sozialistischen Zusammenarbeit" (1961),
der physikalische Chemiker PETER-ADOLF THIESSEN über „Verfahrenstechnik und Naturforschung" (1962),
der Romanist WERNER KRAUSS über „Karl Marx und die Aufklärung" (1963),
der Mathematiker KARL SCHRÖTER über „Mathematik und Sprachen" (1964),
der Soziologe KURT BRAUNREUTHER „Über die marxistische Soziologie und ihren Beitrag zur wissenschaftlich begründeten Leitungstätigkeit" (1965),
der Wirtschaftshistoriker JÜRGEN KUCZYNSKI über „Der Wissenschaftler in unserer Zeit" (1966).

Im Zusammenhang mit der Vorbereitung und Durchführung des Karl-Marx-Jahres 1953 tauchte auch der Gedanke der Schaffung eines Preises auf. Im Jahre 1956 stiftete die Akademie den Friedrich-Engels-Preis. Die Verleihung erfolgt in der Regel jedes dritte Jahr am 3. Januar, dem Geburtstag des 1. Präsidenten der Deutschen Demokratischen Republik, WILHELM PIECK. Der Friedrich-Engels-Preis wird gemäß der Ordnung, die in neuer Fassung vom Plenum am 30. September 1965 verabschiedet wurde, „für hervorragende wissenschaftliche Leistungen auf den Gebieten der Philosophie, der Geschichte, der Staats-, Rechts- und Wirtschaftswissenschaften und -praxis sowie der Sprachen, Literatur, Kunst und Politik oder verwandten wissenschaftlichen Gebieten verliehen, die im Dienste des Friedens, der Demokratie und des gesellschaftlichen Fortschritts erbracht werden".
Die bisherigen Inhaber dieser hohen Auszeichnung sind

das Korrespondierende Mitglied der Akademie
AUGUSTE CORNU (1956),

die Ordentlichen Mitglieder der Akademie
WERNER KRAUSS (1959),
Dr. HERWIG FÖRDER (1962)
und Prof. Dr. HEINRICH SCHEEL (1966).

Einen breiten Raum in der Wissenschaftspolitik der Deutschen Akademie der Wissenschaften zu Berlin nehmen die Beziehungen zu wissenschaftlichen Institutionen und Persönlichkeiten des Auslandes und zu internationalen wissenschaftlichen Vereinigungen ein.

Unmittelbar nach ihrer Wiedereröffnung stand die Akademie vor der Aufgabe, ihre durch den faschistischen deutschen Imperialismus zerstörten wissenschaftlichen Beziehungen zum Ausland zu entwickeln und auf neuer Grundlage im Geiste des Humanismus, des Friedens und des gesellschaftlichen Fortschritts zu gestalten. Seit den bereits erwähnten ersten Kontakten mit der Akademie der Wissenschaften der UdSSR und wissenschaftlichen Persönlichkeiten der Sowjetunion, die am Beginn dieses neuen Weges standen, bis zur Gegenwart, da die Akademie Beziehungen zu wissenschaftlichen Institutionen und Persönlichkeiten in über 70 Ländern der Erde unterhält und die Vertretung der nationalen Wissenschaft der DDR in dem International Council of Scientific Unions wahrnimmt, sind erst 20 Jahre vergangen. Die Erfolge der Akademie, die sie für sich und damit zugleich auch für die Deutsche Demokratische Republik errungen hat, sind unbestreitbar und um so höher zu werten, da sie ununterbrochen Schwierigkeiten

Abb. 39. Die Verleihung des Friedrich-Engels-Preises im Jahre 1966

und Hindernisse überwinden mußte, die vor allem von den herrschenden Kräften Westdeutschlands im Geiste der reaktionären und aggressiven Hallstein-Doktrin bereitet worden sind und bereitet werden.

Eng gestalten sich die Beziehungen zu denjenigen Mitgliedern der Akademie, die außerhalb der Grenzen der DDR wohnhaft sind und sich der Ehre, Mitglied dieser hohen, traditionsreichen und berühmten wissenschaftlichen Institution zu sein, wohl bewußt sind, und deren Mitgliedschaft der Akademie zur Ehre gereicht. Akademiemitglieder aus der westdeutschen Bundesrepublik und auch Korrespondierende Mitglieder aus anderen Ländern nehmen im Rahmen des Möglichen an Sitzungen des Plenums und der Klassen teil, veröffentlichen nicht selten wissenschaftliche Arbeiten im Akademie-Verlag und erhalten regelmäßig die Schriften der Akademie. Akademiemitglieder und andere hervorragende wissenschaftliche Persönlichkeiten des Auslandes gehören akademischen Kommissionen, wie z. B. der Alexander-von-Humboldt-Kommission, an und arbeiten in ihnen aktiv mit. Sie stehen im ständigen Kontakt mit der Akademie und beteiligen sich an wissenschaftlichen Konferenzen und Tagungen und an anderen wissenschaftlichen Aufgaben der Akademie. Mit Genugtuung sei vermerkt, daß die Akademie, wenn sie im Bewußtsein ihrer Verantwortung vor der Gesellschaft mit Erklärungen an die Öffentlichkeit getreten ist, sich der Zustimmung zahlreicher Mitglieder aus Westdeutschland und Westberlin erfreuen durfte und viele Zustimmungsschreiben erhielt — sei es anläßlich der Erklärung gegen den wiederaufkommenden Antisemitismus in Westdeutschland (1960) sei es anläßlich der Erklärung der Präsidenten und des Generalsekretärs zum Krieg in Vietnam (1966).

Mit westdeutschen Akademien der Wissenschaften unterhält die Akademie wissenschaftliche Beziehungen. Sie steht mit ihnen im Schriftenaustausch, der seitens der DAW von der Hauptbibliothek vorgenommen wird. Die Akademie ist bemüht, ihre Beziehungen zu westdeutschen Akademien auf gleichberechtigter und freundschaftlicher Basis zu unterhalten. Vom Erfolg ihrer Bemühungen in jüngster Zeit zeugt das Abkommen zwischen der Deutschen Akademie der Wissenschaften zu Berlin und der Heidelberger Akademie der Wissenschaften über die gemeinsame Herausgabe des Mathematischen Zentralblatts.

Freundschaftliche Zusammenarbeit und Beziehungen pflegt die Akademie zur Österreichischen Akademie der Wissenschaften und zu Gelehrten dieses Landes. Die Akademie unterhält enge Kontakte zu Akademien der Wissenschaften und zu gelehrten Persönlichkeiten Griechenlands, Dänemarks, Belgiens, Schwedens, Groß-Britanniens und anderer kapitalistischer Staaten. Sie unterstützt Bestrebungen wissenschaftlicher Institutionen und Persönlichkeiten süd- und mittelamerikanischer Staaten, die Abhängigkeit ihrer Länder von den Monopolen des USA-Imperialismus, die auch in wissenschaftlicher Beziehung besteht, zu verringern und zu beseitigen und entwickelt wissenschaftliche Kontakte zu ihnen im Geiste der Freundschaft und der Hilfe. Die Akademie verzeichnet mit Genugtuung, daß wissenschaftliche Institutionen und angesehene Gelehrte der USA den wissenschaftlichen Leistungen der Deutschen Akademie der Wissenschaften zu Berlin immer größere Aufmerksamkeit entgegenbringen und das Bestreben sichtbar wird, wissenschaftliche Beziehungen zu entwickeln und bestehende Kontakte auszubauen. Gelehrte der Akademie nahmen in den letzten Jahren auf Einladung an Kongressen und Tagungen in den USA teil, und die Akademie empfing auch zahlreiche prominente Vertreter der humanistischen Wissenschaft der USA auf dem Boden der DDR. Wenn diesen Kontakten — gemessen an den Möglichkeiten und auch den Wünschen wissenschaftlicher Institutionen und Persönlichkeiten der USA — gegenwärtig engere Grenzen gesetzt sind, so vor allem wegen der aggressiven Politik der USA-Regierung im allgemeinen und ihrer feindlichen Haltung gegen die Deutsche Demokratische Republik im besonderen.

Enge Beziehungen bestehen zu wissenschaftlichen Institutionen und zu Persönlichkeiten der Vereinigten Arabischen Republik. Erwähnt werden soll die Exkursion, die im Frühjahr 1962 von Kurt Mothes in das Wüstengebiet im Südosten von Kairo durchgeführt worden war, um die Küstenvegetation und den Charakter der Halbwüste zu studieren und biologische und zoologische Studien zu treiben. Die wissenschaftliche Zusammenarbeit zwischen der Deutschen Akademie der Wissenschaften zu Berlin und dem National Research Centre erfolgt seit geraumer Zeit auf vertraglicher Grundlage. Im Juni 1966 empfing die Leitung der Akademie den Minister für wissenschaftliche Forschung der VAR, Prof. Dr. Ahmed Riad Tourky, zu freundschaftlichen Gesprächen in Berlin. Enge Beziehungen bestehen auch zu wissenschaftlichen Institutionen Indiens. Im Januar 1965 wurde zwischen dem Generalsekretär der Akademie, Günther Rienäcker, und dem Generaldirektor des Council of Scientific and Industrial Research, Dr. S. Husain Zaheer, eine Regelung dieser Beziehungen vereinbart. Die Akademie ist darüber hinaus bemüht, mit ihrem wissenschaftlichen Potential auch anderen jungen Nationalstaaten Afrikas und Asiens, die ihr Interesse bekundet haben, bei der Entwicklung der Wissenschaft dieser Länder Unterstützung zu gewähren. Akademiemitglieder und andere Wissenschaftler und Mitarbeiter der Akademie beteiligen sich am großen Rettungswerk der Baudenkmäler im Sudan. Besondere Beachtung fanden die Ausgrabungsexpeditionen von Fritz Hintze in den Nordsudan, die eine Bestandsaufnahme der Altertümer des gesamten Zentralgebietes des Meroitischen Reiches zum Ziel hatten und für die Probleme der Erforschung der meroitischen Geschichte, Kultur und Sprache von hoher Bedeutung waren.

Die Akademie leistet auch ihren Beitrag zu bedeutenden wissenschaftlichen Projekten, die Gegenstand der internationalen Zusammenarbeit von Wissenschaftlern und wissenschaftlichen Institutionen sind. So war sie am Internatio-

Abb. 40. Generalsekretär Rienäcker im Gespräch mit dem Korrespondierenden Mitglied, Minister Ahmed Riad Tourky

nalen Geophysikalischen Jahr 1957/58 (das später bis zum 13. 12. 1959 verlängert worden war) beteiligt. Während im Bereich der DDR etwa 65 Stationen an den Vorhaben des IGJ beteiligt waren und Wissenschaftler in 14 Forschungsgebieten mitwirkten, hatten im Rahmen der Akademie 8 Institute Aufgaben für das IGJ übernommen und erfolgreich gelöst. Bei der Durchführung des Programms der Raketen und Erdsatelliten, bei dem es der Sowjetunion gelang, durch den ersten erfolgreichen Start eines Erdsatelliten am 4. Oktober 1957 eine neue Ära der Naturwissenschaften zu eröffnen, konnten auch die Akademie-Institute durch Beobachtungen und Registrierungen mitwirken. Die Akademie hat sich ebenso aktiv an den Arbeiten des Internationalen Jahres der ruhigen Sonne (1963/1966) beteiligt. Sie wirkt jetzt am Internationalen Biologischen Programm und am Internationalen Hydrologischen Dezennium mit.

In der Internationalen Akademischen Union (UAI)[1], einer Vereinigung wissenschaftlicher Körperschaften, die in speziellen Kommissionen wissenschaftliche

[1] Im Jahre 1899 wurde von einer Anzahl Akademien die „Internationale Assoziation der Akademien" gegründet. Sie wurde ein Opfer des ersten Weltkrieges. An ihre Stelle trat 1918 für die Geisteswissenschaften die „Union Academique Internationale" und für die Naturwissenschaften der „Conseil International de Recherches".

Arbeiten auf verschiedenen Wissensgebieten durchführt, die bereits in Publikationen ihren Niederschlag gefunden haben, ist die Akademie u. a. mit folgenden Arbeiten beteiligt:

Mittellateinisches Wörterbuch: Mitarbeit bei der Materialsammlung für das von der UAI veranstaltete Mittellateinische Wörterbuch,
Corpus Vasorum Antiquorum: Sammlung antiker Vasen, die nach Herkunftsorten abgebildet und wissenschaftlicher Behandlung erschlossen werden,
Corpus Vitrearum Medii Aevi: Bearbeitung und Veröffentlichung der mittelalterlichen Glasmalerei Europas.

Die Deutsche Akademie der Wissenschaften zu Berlin bzw. die ihr zugeordneten Wissenschaftlichen Gesellschaften gehören zahlreichen wissenschaftlichen Vereinigungen und Organisationen an. Die Akademie vertritt die nationale Wissenschaft der DDR gegenüber dem Ausland in folgenden internationalen Vereinigungen:

Internationaler Rat der Wissenschaftlichen Unionen (ICSU),
Internationale Akademische Union (UAI),
Internationale Astronomische Union (IAU),
Internationale Union für Geodäsie und Geophysik (IUGG),
Internationale Union für Reine und Angewandte Physik (IUPAP),
Internationale Geographische Union (IGU),
Internationale Union für Kristallographie (IUCr),
Internationale Union für Geschichte und Philosophie der Wissenschaft (IUPHS) — Abteilung Geschichte der Wissenschaft —,
Internationale Mathematische Union (IMU),
Internationale Union für Geologische Wissenschaften (IUGS),
Internationale Organisation für Reine und Angewandte Biophysik (IOPAB),
Komitee für Weltraumforschung des ICSU (COSPAR),
Spezialkomitee des ICSU für Ozeanographische Forschung (SCOR),
Spezialkomitee des ICSU für das Internationale Biologische Programm (SCIBP),
Spezialkomitee des ICSU für die Internationalen Jahre der Ruhigen Sonne (IQSU-Commitee),
Internationale Union gegen den Krebs (IUCC),
Internationale Organisation für medizinische Physik (IOMP),
Internationale Association für Quartärforschung (INQUA),
Internationale Vereinigung für theoretische und angewandte Limnologie
Internationale Association für Pflanzentaxonomie,
Association für Maschinenübersetzung,
Internationale Astronautische Föderation,
Internationale Union für Anthropologie und Ethnologie (UIAES),
Internationale Union für Slawische Archäologie,
Internationale Association für byzantinische Studien,
Internationale Association für Lateinische Epigraphik,
Internationale Association für Wirtschaftswissenschaften,
Internationale Association für Wirtschaftsgeschichte,
Gesellschaft für Romanische Sprachen.

Im Herbst 1961 wurde die Deutsche Akademie der Wissenschaften zu Berlin in den International Council of Scientific Unions (ICSU), die internationale Dachorganisation naturwissenschaftlicher Vereinigungen, aufgenommen, und sie vertritt in ihm die nationale Wissenschaft der DDR.[1] Die Konsequenz einer wissenschaftspolitischen Generallinie, die dauerhaften und systematischen Erfolge der Akademie und ihre Haltung zur Verständigung und zur friedlichen Zusammenarbeit der Wissenschaftler hatten einen weiteren großen Erfolg erzielt. Von Bedeutung war auch die Empfehlung des ICSU, die den angeschlossenen internationalen wissenschaftlichen Vereinigungen übermittelt wurde, Beratungen und Sitzungen nur in solchen Ländern durchzuführen, die eine gleichberechtigte Teilnahme und eine Einreise aller Vertreter ohne jede Diskriminierung gewährleisten.

Wie schon an anderer Stelle ausführlicher dargelegt, pflegt die Akademie die internationale wissenschaftliche Zusammenarbeit auch durch die Teilnahme von Akademiemitgliedern und Wissenschaftlern der Institute der Forschungsgemeinschaften an wissenschaftlichen Tagungen im Ausland und durch den Erfahrungsaustausch mit Wissenschaftlern anderer Länder. Eine ständige Erhöhung der Zahl der Auslandsreisen ist sichtbarer Ausdruck dieser sich ständig verstärkenden Beziehung. So reisten z. B. 1959 über 1500 Akademiemitglieder und Wissenschaftler der Institute in andere Länder. 1961 erhöhte sich die Zahl auf etwa 1700, 1964 und 1965 jeweils auf etwa 2350. Unter anderem waren Vertreter der Akademie außer in allen sozialistischen Ländern in Westdeutschland, England, Frankreich, Schweden, Österreich, Finnland, Griechenland, Italien, Belgien, Holland und in anderen kapitalistischen Staaten Europas sowie in den USA, Mexiko und anderen Staaten des amerikanischen Kontinents, in Japan, Indien und anderen Staaten Ost- und Südostasiens, sowie in der VAR, im Sudan und in anderen Staaten des afrikanischen Kontinents. In gleicher Weise verstärkte sich auch die Einreise ausländischer Gelehrter zur Teilnahme an Kongressen und Tagungen der Akademie, zum Erfahrungsaustausch oder zum Studienaufenthalt in Instituten und anderen wissenschaftlichen Einrichtungen der Deutschen Akademie der Wissenschaften zu Berlin. Die Akademie empfing z. B. 1964 über 2500 und 1965 über 3900 ausländische Wissenschaftler. Die Akademie begrüßte Gäste aus der UdSSR, der CSSR, den Volksrepubliken Ungarn und Bulgarien, der Sozialistischen Republik Rumänien, der Föderativen Sozialistischen Republik Jugoslawien, den Volksrepubliken Vietnam und Korea, der Mongolischen Volksrepublik, der Volksrepublik China, Kuba und aus Groß-Britannien, Dänemark, Griechenland, Schweden, Finnland, Schweiz und anderen Staaten Europas. Sie empfing Gäste aus Westdeutschland und Westberlin. An ihren Tagungen nahmen Wissenschaftler aus den USA, Kanada, Mexiko, aus Indien, Indonesien, Japan, der VAR und aus vielen anderen Ländern der Welt teil. Die Zahlen zeigen anschaulich, daß nicht nur nicht die von der revanchistischen westdeutschen Regierung vertretene Hallstein-Doktrin mit dem Allein-Vertretungsanspruch Westdeutschlands auch auf wissenschaftlichem Gebiet durch die Tatsachen widerlegt wurde, sondern daß auch das sogenannte Alliierte Travel Office mit seiner

[1] Der „Conseil International de Recherches“ wurde 1931 in den ICSU umgewandelt. Ihm können neben den internationalen Dachorganisationen auch die einzelnen Staaten durch nationale Organisationen, wie sie eine Akademie darstellt, angehören.

auf die Behinderung der Wissenschaftler der DDR gerichteten Tätigkeit mehr und mehr an Wirksamkeit verloren hat.[1]

Bestandteil der internationalen Beziehungen ist auch der Schriftenaustausch der Akademie, der über die Hauptbibliothek der Akademie erfolgt, Im Jahre 1959 stand die Akademie im Schriftenaustausch mit 724 wissenschaftlichen Instituten in 56 Ländern, 1965 mit 954 wissenschaftlichen Instituten in 66 Ländern.

Der Akademie-Verlag führt die wissenschaftlichen Veröffentlichungen der Akademie in viele Länder der Welt aus.[2]

Sehr enge und freundschaftliche Beziehungen verbindet die Akademie mit den Akademien der Wissenschaften sozialistischer Länder. Diese Beziehungen, die ihrem Umfang, ihrer Bedeutung und ihren Auswirkungen nach den größten Anteil an den internationalen Beziehungen der Deutschen Akademie der Wissenschaften zu Berlin ausmachen, sind Beziehungen eines neuen Typus. Sie basieren auf der Grundlage der sozialistischen Gesellschaftsordnung in diesen Ländern, der Gemeinsamkeit der Politik, Ideologie und Ökonomik und auf der Erkenntnis und Kennt-

[1] Das Allied Travel-Office wurde nach dem 2. Weltkrieg als Hilfseinrichtung des Alliierten Kontrollrates geschaffen, um antifaschistisch-demokratischen deutschen Bürgern die Teilnahme am internationalen Reiseverkehr zu ermöglichen. Das Allied Travel-Office hatte damals auf Grund des Besatzungsstatuts das Recht, an Deutsche „Vorläufige Reiseausweise“ (Temporary Travel-Documents, TTD) auszugeben. Mit der Schaffung souveräner deutscher Staatlichkeit im Jahre 1949 mußten die Allierten die Funktion der obersten Regierungsgewalt, die sie 1945 übernommen hatten, an die deutschen Staatsorgane übergeben. Die UdSSR ist dieser Verpflichtung gegenüber der Deutschen Demokratischen Republik nachgekommen, indem sie am 10. 10. 1949 die bis dahin der Sowjetischen Militär-Administration zustehenden Verwaltungs-Funktionen an die Regierung der Deutschen Demokratischen Republik übergab. Im Zusammenhang damit verloren bestimmte Organe des Alliierten Kontrollmachnismus — darunter das Alliierte Reiseamt — jede Existenzberechtigung. Im übrigen hatte der Alliierte Kontrollrat selbst bereits 1948 seine Tätigkeit eingestellt.

Das Alliierte Reiseamt ist also spätestens seit der Gründung der Deutschen Bundesrepublik und der Deutschen Demokratischen Republik ohne jede Rechtsgrundlage und ist darüber hinaus auch längst kein Alliiertes, sondern nur noch ein West-Alliiertes „Reiseamt“. Es maßt sich jedoch nach wie vor das Recht an, nach eigenem Ermessen Personaldokumente an Bürger der DDR auszustellen, über die es keine Jurisdiktion besitzt. Im Zusammenhang mit der Entfaltung des kalten Krieges gegen die UdSSR, DDR und die anderen sozialistischen Länder wurde diese Einrichtung mehr und mehr zu einem Instrument der aggressiven Politik der imperialistischen Kreise Westdeutschlands gegen die Deutsche Demokratische Republik und ihre Bürger. Das Fortbestehen dieser Einrichtung geschieht zu dem einzigen Zweck, Reisen von Bürgern der DDR in Staaten, die der NATO angehören, zu kontrollieren und gegebenenfalls zu verhindern.

Das Allied Travel-Office, dessen Reichweite sich auf die zur NATO gehörenden Länder erstreckt, ist nicht nur eine Einrichtung, die sich gegen die Deutsche Demokratische Republik richtet, sondern auch in die souveränen Rechte anderer Staaten eingreift. Neben den sozialistischen Ländern sind es die meisten asiatischen, afrikanischen, mittel- und südamerikanischen Staaten und europäische Länder, wie Schweden, Finnland, Österreich und andere, die das Allied Travel-Office ignorieren und die Reisepässe der Deutschen Demokratischen Republik anerkennen. Selbst in NATO-Staaten wächst der Druck gegen diese Einrichtung, die nicht nur für die Bürger der DDR diskriminierend ist, sondern auch in die souveränen Rechte anderer Staaten eingreift.

[2] Verzeichnis der im Akademie-Verlag erscheinenden wissenschaftlichen Schriftenreihen, Fortsetzungswerke und Zeitschriften siehe Anhang.

nis der Rolle und Bedeutung der Wissenschaft für den Fortschritt dieser Länder. Die Zusammenarbeit, die sich in der Form bilateraler und multilateraler Abkommen vollzieht, erstreckt sich auf viele Gebiete der Grundlagenforschung in Natur- und Gesellschaftswissenschaften.

Seit vielen Jahren besteht — anknüpfend an gute Traditionen der Vergangenheit und anknüpfend an die ersten Kontakte nach dem 2. Weltkrieg — eine weitgehende Zusammenarbeit mit der Akademie der Wissenschaften der UdSSR. Über die Entwicklung des Bibliotheksaustausches, den Austausch von Informationen über wissenschaftliche Tagungen, den gegenseitigen Besuch von Aka-

Abb. 41. Besuch der Delegation des Präsidiums der Akademie der Wissenschaften der UdSSR nuter Leitung von Präsident M. W. Keldysch im Dezember 1965

demiemitgliedern und anderen Wissenschaftlern beider Akademien, die Teilnahme an Expeditionen, den gegenseitigen Besuch von Delegationen und die Zusammenarbeit einzelner Institute und Wissenschaftler geht ein gerader Weg bis zum ersten umfangreichen Abkommen über die Zusammenarbeit zwischen beiden Akademien im Jahre 1957. Auf der Grundlage dieses und späterer Abkommen entwickelte sich eine tiefgehende und umfassende Zusammenarbeit. Von wesentlicher Bedeutung wurde die thematische Zusammenarbeit der Institute untereinander. Gerade sie hat in letzter Zeit beträchtlich zugenommen. Sichtbarer Ausdruck der engen Beziehungen zwischen beiden Akademien war der Besuch einer Freundschaftsdelegation der Akademie der Wissenschaften der UdSSR mit dem Präsidenten Keldysch an der Spitze im Dezember 1965. Während dieses Besuches wurden detailliert Fragen besprochen und Maßnahmen vereinbart, die zu einer weiteren Vertiefung der Zusammenarbeit zum Nutzen beider Länder führen werden. Seit geraumer Zeit entwickeln sich auch Beziehungen zu den einzelnen Unionsrepubliken der UdSSR und zur Akademie der Medizinischen Wissenschaften der UdSSR, die ebenfalls auf vertraglicher Grundlage erfolgen.

Seit langem bestehen umfangreiche und enge vertragliche Beziehungen zu den Akademien der Wissenschaften der CSSR, der Volksrepubliken Polen, Ungarn und Bulgarien, zur Akademie der Sozialistischen Republik Rumänien, zur Akademie der Wissenschaften der Mongolischen Volksrepublik, zur Akademie der Wissenschaften der Volksdemokratischen Republik Korea, zum Staatlichen Komitee für Wissenschaft und Technik der Demokratischen Republik Vietnam, zur Academia Sinica (Volksrepublik China) und zur Akademie der Wissenschaften der Republik Kuba. Es entwickelten sich die Beziehungen zum Bundesrat für die Koordinierung der wissenschaftlichen Beziehungen der Sozialistischen Föderativen Republik Jugoslawien. Die vertragliche Zusammenarbeit mit den Akademien der Wissenschaften der befreundeten sozialistischen Länder erstreckt sich — verallgemeinert — auf die thematische Zusammenarbeit, die konkret durch die Institute und Einrichtungen vorgenommen wird, sowie auf den Austausch der Tagungskalender und die Teilnahme an wissenschaftlichen Tagungen und Kongressen bzw. die gemeinsame Durchführung wissenschaftlicher Veranstaltungen, den Austausch repräsentativer Delegationen und den gegenseitigen Besuch von Akademiemitgliedern und anderen Wissenschaftlern zum Erfahrungsaustausch, auf Studienaufenthalte jüngerer Wissenschaftler in Instituten der beteiligten Akademien, auf den Austausch wissenschaftlicher Literatur und die Veröffentlichung von Publikationen über Verlage der beteiligten Akademien, auf Exkursionen und Expeditionen, auf die Durchführung von Sprachkursen für jüngere Wissenschaftler und auf andere Fragen.

Seit einigen Jahren besteht neben der bilateralen Form der Zusammenarbeit eine multilaterale Zusammenarbeit verschiedener Akademien der Wissenschaften sozialistischer Länder auf einigen wichtigen Gebieten der Grundlagenforschung in Natur- und Gesellschaftswissenschaften. Die multilaterale Form stellte eine Bereicherung der Möglichkeiten der Zusammenarbeit dar. Sie ist eine sinnvolle Ergänzung der bilateralen Zusammenarbeit gerade auf jenen Gebieten, deren Ergebnisse allen Beteiligten nützt und die infolge ihres Umfanges und der erforderlichen Mittel und Kräfte am besten durch eine solche gemeinsame Arbeit gelöst werden können.

Die Deutsche Akademie der Wissenschaften zu Berlin, die im Jahre 1966 den 20. Jahrestag ihrer Wiedereröffnung und den 250. Todestag ihres Begründers und ersten Präsidenten G. W. Leibniz beging, hat in der Vergangenheit Höhen und Tiefen in ihrer Entwicklung erleben müssen. Wirklich frei entfalten konnte sie sich erst nach der Vernichtung des faschistischen deutschen Imperialismus und Militarismus und auf der Grundlage der fortgeschrittenen Gesellschaftsordnung in der Deutschen Demokratischen Republik. Die Akademie, die alle Phasen der gesellschaftlichen Entwicklung in der Deutschen Demokratischen Republik miterlebt und mitgestaltet hat, ist heute ein fester Bestandteil dieser sozialistischen Gesellschaftsordnung der Deutschen Demokratischen Republik. Diese Gesellschaftsordnung, die immer weitere Fortschritte macht, kennt nicht nur keine Gegensätze zwischen Staat, Gesellschaft und Wissenschaft, sondern hat alle trennenden Schranken zwischen ihnen beseitigt. Die Deutsche Akademie der Wissenschaften zu Berlin ist heute ein großer und bedeutender Komplex. Er bietet den Akademiemitgliedern alle Möglichkeiten sowohl zum Austausch ihrer wissenschaftlichen Gedanken und Ergebnisse als auch zur Publikation ihrer Forschungsergebnisse. Er bietet ihnen aber auch in reichem Maße Möglichkeiten zur produktiven Forschung. Für die Deutsche Demokratische Republik hat die Akademie nicht nur eine hervorragende Bedeutung als Gremium hervorragendster Wissenschaftler, sondern die Akademie ist durch ihr großes und bedeutendes Forschungspotential auf vielen Gebieten der Natur- und Gesellschaftswissenschaften ein wichtiger Faktor für die wissenschaftliche Durchdringung des gesamten Lebens in der Deutschen Demokratischen Republik. Als „Deutsche Akademie der Wissenschaften zu Berlin" ist sie zugleich auch Fortsetzerin der fortschrittlichen Traditionen und Heimstätte der humanistischen deutschen Wissenschaft und Kultur. Sie leistet ihren Beitrag zur Erfüllung der großen nationalen Aufgabe im Sinne der Erklärung des Staatsrates der Deutschen Demokratischen Republik und des von der Nationalen Front des demokratischen Deutschlands beschlossenen Dokumentes „Die geschichtliche Aufgabe der DDR und die Zukunft Deutschlands". Die Hoffnungen und Wünsche ihres Begründers G. W. Leibniz und anderer hervorragender Akademiemitglieder der Vergangenheit sind in der Deutschen Demokratischen Republik Wirklichkeit geworden.

III.

ANHANG

LEITENDE ORGANE DER AKADEMIE[1]

Geschäftsführendes Präsidium

Präsident	HARTKE, WERNER, Prof. Dr. Dr. h. c.
Vizepräsidenten	KLARE, HERMANN, Prof. Dr. STERN, LEO, Prof. Dr. Dr. h. c.
Generalsekretär	RIENÄCKER, GÜNTHER, Prof. Dr.
Stellvertreter des Generalsekretärs	GRELL, HEINRICH, Prof. Dr. ROMPE, ROBERT, Prof. Dr. Dr.-Ing. E. h.

Präsidium

Präsident	HARTKE, WERNER, Prof. Dr. Dr. h. c.
Vizepräsidenten	KLARE, HERMANN, Prof. Dr. STERN, LEO, Prof. Dr. Dr. h. c.
Generalsekretär	RIENÄCKER, GÜNTHER, Prof. Dr.
Stellvertreter des Generalsekretärs	GRELL, HEINRICH, Prof. Dr. ROMPE, ROBERT, Prof. Dr. Dr.-Ing. E. h.
Vorsitzender des Sektionskonsiliums	LEIBNITZ, EBERHARD, Prof. Dr.-Ing. Dr. h. c.
Sekretare der Klassen für	
Mathematik, Physik und Technik	HERTZ, GUSTAV, Prof. Dr. Dr. h. c. Dr. h. c. Dr.-Ing. E. h.
Chemie, Geologie und Biologie	LEHMANN, EDGAR, Prof. Dr. Dr.-Ing. E. h.
Bergbau, Hüttenwesen und Montangeologie	LÜDEMANN, KARL-FRIEDRICH, Prof. Dr.
Medizin	KRAATZ, HELMUT, Prof. Dr.
Sprachen, Literatur und Kunst	RUBEN, WALTER, Prof. Dr.
Philosophie, Geschichte, Staats-, Rechts- und Wirtschaftswissenschaften	OELSSNER, FRED, Prof.

[1] Stand: Leibniztag 1966.

MITGLIEDER DER AKADEMIE[1]

Ordentliche Mitglieder der Klasse für Mathematik, Physik und Technik

Albring, Werner, Dresden
Boie, Werner, Dresden
Debye, Peter, Ithaca/New York
Defant, Albert, Innsbruck-Hötting
Eisenkolb, Friedrich, Dresden
Ertel, Hans, Berlin (Hauptstadt der DDR)
Frenzel, Walter, Berlin (Westberlin)
Frühauf, Hans, Dresden
Görlich, Paul, Jena
Grell, Heinrich, Berlin (Hauptstadt der DDR)
Hasse, Helmut, Ahrensburg
Heisenberg, Werner, München
Hertz, Gustav, Berlin (Hauptstadt der DDR)
Hoffmeister, Cuno, Sonneberg
Hölder, Ernst, Mainz-Gonsenheim
Hund, Friedrich, Göttingen
Jante, Alfred, Dresden
Kienle, Hans, Heidelberg
Lauter, Ernst August, Kühlungsborn
Lichtenheldt, Willibald, Dresden
Lösche, Artur, Leipzig
Ludin, Adolf, Berlin (Westberlin)
Maurer, Eduard, Berlin (Hauptstadt der DDR)
Neuber, Heinz, Starnberg b. München
Obenaus, Fritz, Dresden
Pauer, Walther, Dresden
Pommer, Kurt, Dresden
Reichardt, Hans, Berlin (Hauptstadt der DDR)
Rompe, Robert, Berlin (Hauptstadt der DDR)
Schröder, Kurt, Berlin (Hauptstadt der DDR)
Schröter, Karl, Berlin (Hauptstadt der DDR)
Steenbeck, Max, Berlin (Hauptstadt der DDR)
Treder, Hans-Jürgen, Berlin (Hauptstadt der DDR)

Korrespondierende Mitglieder der Klasse für Mathematik, Physik und Technik

Alexandroff, Paul Sergeewitsch, Moskau
Ambarzumjan, Viktor Anasaspowitsch, Erewan
Bernal, John Desmond, London
Biezeno, Cornelis Benjamin, Delft/Holland
Blackett, Patrick Maynard Stuart, London
Bogoljubow, Nikolai Nikolaijewitsch Moskau
Born, Max, Bad Pyrmont
Bragg, Sir William Lawrence, London
Brouwer, Luitzen Egbertus, Blaricum/Holland
Hachenberg, Otto, Bonn
Heckmann, Otto, Hamburg
Heiskanen, Weikko A., Helsinki
Hesselberg, Hans Theodor, Oslo
Hofmann, Joseph Ehrenfried, Ichenhausen
Infeld, Leopold, Warschau
Jánossy, Lajos, Budapest
Kähler, Erich, Berlin (Westberlin)
Koehler, Hilding, Upsala
Meitner, Lise, Cambridge
Nevanlinna, Rolf Herman, Helsinki
Papapetrou, Achilles, Paris
Pischinger, Anton, Graz
Sierpiński, Wacław, Warschau
Steinhaus, Wilhelm, Berlin (Hauptstadt der DDR)
Vogt, Heinrich, Heidelberg
Winogradow, Iwan Matwejewitsch, Moskau
Wwedenski, Boris Alexejewitsch, Moskau

[1] Stand: November 1966.

Ordentliche Mitglieder der Klasse für Chemie, Geologie und Biologie

BERTSCH, HEINRICH, Berlin (Hauptstadt der DDR)
BEYER, HANS, Greifswald
BUTENANDT, ADOLF, München-Obermenzing
CORRENS, ERICH, Berlin (Hauptstadt der DDR)
DEUBEL, FRITZ, Ilmenau
DREFAHL, GÜNTHER, Jena
FALKENHAGEN, HANS, Rostock
GERSCH, MANFRED, Jena
GOTTSCHALDT, KURT, Göttingen
HAHN, OTTO, Göttingen
HEIN, FRANZ, Jena
KAESTNER, ALFRED, München
KLARE, HERMANN, Kleinmachnow
KLEBER, WILL, Berlin (Hauptstadt der DDR)
KLINKOWSKI, MAXIMILIAN, Aschersleben
LANGENBECK, WOLGFANG, Rostock
LEHMANN, EDGAR, Leipzig
LEIBNITZ, EBERHARD, Eichwalde
MEYER, KURT, Wolfen
MÜLLER, HANS JOACHIM, Quedlinburg
MÜLLER-STOLL, WOLFGANG R., Potsdam
NELLES, JOHANNES, Schkopau
RAMDOHR, PAUL, Hohensachsen
RIECHE, ALFRED, Berlin (Hauptstadt der DDR)
RIEDEL, HANS-GÜNTER, Markkleeberg
RIENÄCKER, GÜNTHER, Berlin (Hauptstadt der DDR)
SCHIRMER, WOLFGANG, Berlin (Hauptstadt der DDR)
SCHWABE, KURT, Dresden
STATHER, FRITZ, Freiberg
STILLE, HANS, Hannover
STRESEMANN, ERWIN, Berlin (Westberlin)
THIESSEN, PETER ADOLF, Berlin (Hauptstadt der DDR)
THILO, ERICH, Berlin (Hauptstadt der DDR)
TREIBS, WILHELM, Heidelberg
WARBURG, OTTO HEINRICH, Berlin (Westberlin)
WEISS, CARL FRIEDRICH, Leipzig

Korrespondierende Mitglieder der Klasse für Chemie, Geologie und Biologie

AHLMANN, HANS W., Stockholm
ASINGER, FRIEDRICH, Aachen
BÜNNING, ERWIN, Tübingen
ENGELHARDT, W. A., Moskau
ERDEY-GRÚZ, TIBOR, Budapest
FITTING, JOHANNES, Bonn
FRUMKIN, A. N., Moskau
HEYROVSKÝ, JAROSLAV, Prag
KAISCHEW, ROSTISLAW, Sofia
KUHN, RICHARD, Heidelberg
LÜTTRINGHAUS, ARTHUR, Freiburg i. Br.
MÁLEK, IVAN, Prag
NENITZESCU, COSTIN D., Bukarest
NESMEJANOW, A. N., Moskau
NEUNHOEFFER, OTTO, Homburg/Saar
OPARIN, ALEXANDER IWANOWITSCH, Moskau
SANDER, BRUNO, Innsbruck
SCHAY, GÉZA, Budapest
SEMJONOW, NIKOLAI NIKOLAIJEWITSCH, Moskau
ŠORM, FRANTIŠEK, Prag
TOURKY, AHMED RIAD, Kairo
TROLL, CARL, Bonn
WEGNER, RICHARD NIKOLAUS, Greifswald
WOLF, OSWALD LEOPOLD, Leipzig

Ordentliche Mitglieder der Klasse für Bergbau, Hüttenwesen und Montangeologie

ARNOLD, WALTER, Eichwalde
BILKENROTH, GEORG, Berlin (Hauptstadt der DDR)
EMICKE, OTTO, Freiberg
HÄRTIG, HELMUT, Freiberg
KAUTZSCH, HANS FRIEDRICH EBERHARD, Berlin (Hauptstadt der DDR)
KIRCHBERG, HELMUT, Freiberg
KÖHLER, KARL, Hennigsdorf
LANGE, WERNER, Dresden
LISSNER, ANTON, Freiberg
LÜDEMANN, KARL-FRIEDRICH, Freiberg
RAMMLER, ERICH, Freiberg
WATZNAUER, ADOLF, Freiberg

Korrespondierende Mitglieder der Klasse für Bergbau, Hüttenwesen und Montangeologie

BOGDANOFF, ALEXEJ ALEXEJEWITSCH, Moskau
GONZÁLEZ REYNA, JENARO, Mexiko, Colonia del Valle
KRAUS, ERNST CARL, München-Obermenzing
LEUTWEIN, FRIEDRICH, Nancy-Vandoeuvre
SAMARIN, ALEXANDER MICHAILOWITSCH, Moskau

Ordentliche Mitglieder der Klasse für Medizin

BAUMANN, RUDOLF, Berlin (Hauptstadt der DDR)
DRISCHEL, HANS, Leipzig
FRIEDRICH, WALTER, Zeuthen
GIETZELT, FRITZ, Berlin (Hauptstadt der DDR)
GOERTTLER, VIKTOR, Jena
GRAFFI, ARNOLD, Berlin (Hauptstadt der DDR)
GÜLZOW, MARTIN, Rostock
GUMMEL, HANS, Berlin (Hauptstadt der DDR)
HAUSCHILD, FRITZ, Leipzig
HOLTZ, PETER, Frankfurt/M.
JUNG, FRIEDRICH, Berlin (Hauptstadt der DDR)
KETTLER, LOUIS-HEINZ, Berlin (Hauptstadt der DDR)
KNÖLL, HANS, Jena
KRAATZ, HELMUT, Berlin (Hauptstadt der DDR)
KUNTZEN, HEINRICH, Jena
LOHMANN, KARL, Berlin (Hauptstadt der DDR)
MOTHES, KURT, Halle
PEIPER, ALBRECHT, Leipzig
PROKOP, OTTO, Berlin (Hauptstadt der DDR)
REDETZKY, HERMANN, Eichwalde
REICHENBACH, ERWIN, Halle
RÖHRER, HEINZ, Insel Riems
STUBBE, HANS, Gatersleben
WALDEYER, ANTON, Berlin (Westberlin)

Korrespondierende Mitglieder der Klasse für Medizin

BREDT, HEINRICH, Mainz-Gonsenheim
DÖDERLEIN, GUSTAV, München
FISCHER, WALTHER, Göttingen
HÄGGQUIST, GÖSTA, Stockholm
HAMPERL, HERWIG, Bonn
LACASSAGNE, ANTOINE, Paris
PARHON, CONSTANTIN ION, Bukarest
RUSZNYÁK, ISTVÁN, Budapest
SCHWARZ, EGBERT, Erfurt
WULLSTEIN, HORST, Würzburg
ZANGE, JOHANNES, Jena

Ordentliche Mitglieder der Klasse für Sprachen, Literatur und Kunst

BAHNER, WERNER, Berlin (Hauptstadt der DDR)
BIELFELDT, HANS HOLM, Berlin (Hauptstadt der DDR)
BLÜMEL, CARL, Berlin (Westberlin)
EISSFELDT, OTTO, Halle
FRINGS, THEODOR, Leipzig
GRAPOW, HERMANN, Berlin (Westberlin)
HARTKE, WERNER, Berlin (Hauptstadt der DDR)
HINTZE, FRITZ, Potsdam-Babelsberg
KLAFFENBACH, GÜNTHER, Berlin (Hauptstadt der DDR)
KNEPLER, GEORG, Berlin (Hauptstadt der DDR)
KRAUSS, WERNER, Berlin (Hauptstadt der DDR)
KUHN, HANS, Laboe über Kiel
LEHNERT, MARTIN, Berlin (Hauptstadt der DDR)

MAGON, LEOPOLD, Berlin (Hauptstadt der DDR)
NEUBERT, FRITZ, Berlin (Westberlin)
PEEK, WERNER, Halle
RAMMING, MARTIN, Berlin (Westberlin)
RUBEN, WALTER, Berlin (Hauptstadt der DDR)
RŮŽIČKA, RUDOLF, Leipzig
SCHADEWALDT, WOLFGANG, Tübingen
SCHIRMER, WALTER FRANZ, Bonn
STEINITZ, WOLFGANG, Berlin (Hauptstadt der DDR)
WISSMANN, WILHELM, München
ZUCKER, FRIEDRICH, Hamburg

Korrespondierende Mitglieder der Klasse für Sprachen, Literatur und Kunst

AEBISCHER, PAUL, Romont
BIANCHI BANDINELLI, Ranuccio, Rom
COHEN, MARCEL, Viroflay
DAUX, GEORGES, Athen
DÖLGER, FRANZ, München
ERBEN, JOHANNES, Innsbruck
FOURQUET, JEAN PHILIPPE, Paris
GABAIN, ANNEMARIE VON, Hamburg
HAVRÁNEK, BOHUSLAV, Prag
HENNING, WALTER BRUNO, Eton Court/Californien
ISAČENKO, ALEXANDER VASILEVIČ, Olomouc/ČSSR
JACHMANN, GÜNTHER, Köln
JONES, DANIEL, Bucks/England
JORDAN, JORGU, Bukarest
KIENAST, RICHARD, Ziegelhausen
KLINGNER, FRIEDRICH, München
LINDBLOM, K. GERHARD, Stockholm
LOMMATZSCH, ERHARD, Frankfurt/M.
MICHAŁOWSKI, KAZIMIERZ, Warschau
MORAVCSIK, GYULA, Budapest
NÉMETH, JULIUS, Budapest
NESSELHAUF, HERBERT, Freiburg i. Br.
NILSSON, MARTIN PERSSON, Lund
ÖHMANN, EMIL, Helsinki
PEDERSEN, JOHANNES, Kopenhagen
PRETZEL, ULRICH, Hamburg
PRŮŠEK, JAROSLAV, Prag
REGENBOGEN, OTTO, Heidelberg
ROBERT, LOUIS, Paris
SCHALK, FRITZ, Köln
SCHIRMUNSKI, V. M., Leningrad
SNELL, BRUNO, Hamburg
TEUCHERT, HERMANN, Rostock
WALDSCHMIDT, ERNST, Göttingen
WARTBURG, WALTHER VON, Basel
WINOGRADOW, VIKTOR WLADIMIROWITSCH, Moskau

Ordentliche Mitglieder der Klasse für Philosophie, Geschichte, Staats-, Rechts- und Wirtschaftswissenschaften

ALT, ROBERT, Schöneiche
BAETHGEN, FRIEDRICH, München
BAUMGARTEN, ARTHUR, Berlin (Hauptstadt der DDR)
BEHRENS, FRIEDRICH, Zeuthen
BLOHM, GEORG, Kiel
BRAUNREUTHER, KURT, Berlin (Hauptstadt der DDR)
ENGELBERG, ERNST, Berlin (Hauptstadt der DDR)
GELZER, MATTHIAS, Frankfurt/M.
HARTUNG, FRITZ, Berlin (Westberlin)
KLAUS, GEORG, Berlin (Hauptstadt der DDR)
KLIX, FRIEDHART, Berlin (Hauptstadt der DDR)
KOHLMEY, GUNTHER, Berlin (Hauptstadt der DDR)
KOZIOLEK, HELMUT, Berlin (Hauptstadt der DDR)
KUCZYNSKI, JÜRGEN, Berlin (Hauptstadt der DDR)
MARKOV, WALTER, Leipzig
MEISNER, HEINRICH OTTO, Potsdam
OELSSNER, FRED, Berlin (Hauptstadt der DDR)
REICKE, SIEGFRIED, Heidelberg
ROSENKRANZ, OTTO, Böhlitz-Ehrenberg
SANKE, HEINZ, Berlin (Hauptstadt der DDR)
STERN, LEO, Halle
UNVERZAGT, WILHELM, Berlin (Westberlin)
WELSKOPF, LISELOTTE (ELISABETH CHARLOTTE), Berlin (Hauptstadt der DDR)
WINTER, EDUARD, Berlin (Hauptstadt der DDR)

Korrespondierende Mitglieder der Klasse für Philosophie, Geschichte, Staats-, Rechts- und Wirtschaftswissenschaften

ANDREAS, WILLY, Litzelstetten
AUBIN, HERMANN, Freiburg i. Br.
BRANDWEINER, Heinrich, Wien
CORNU, AUGUSTE, Berlin (Hauptstadt der DDR)
FILIP, JAN, Prag
GANOWSKI, SAWA ZOWOL, Sofia
GANSHOF, FRANÇOIS, Brüssel
KUO-MO-JO, Peking
LUKÁCS, GEORG, Budapest
PAWLOFF, TODOR DIMITROFF, Sofia
RITTER, GERHARD, Freiburg i. Br.
SANTIFALLER, LEO, Wien
SMIRIN, MOISSEI MENDELJEWITSCH, Moskau
SPROCKHOFF, ERNST, Kiel
STENGEL, EDMUND, Marburg/Lahn
TOLSTOW, SERGEI PAWLOWITSCH, Moskau
TRẦN-HUY-LIÊU, Hanoi

AKADEMISCHE KOMMISSIONEN UND UNTERNEHMEN[1]

I. Dem Präsidium sind zugeordnet:

1. Leibniz-Kommission
2. Kommission für kernphysikalische Forschung
3. Alexander-von-Humboldt-Kommission
4. Euler-Kommission
5. Kommission für Spektroskopie
6. Kommission für Unterwasserforschung
7. Kommission zur Herausgabe der Werke von E. W. v. Tschirnhaus
8. Kommission für mathematische Linguistik und automatische Übersetzung
9. Einstein-Kommission
10. Kommission zur Herausgabe des Atlas der DDR
11. Kommission zur Ausarbeitung der Geschichte der DAW

II. Den Klassen sind zugeordnet:

a) der Klasse für Mathematik, Physik und Technik

12. Kommission zur Herausgabe von Materialien zur Geschichte der Mathematik, Naturwissenschaften und Technik

b) der Klasse für Chemie, Geologie und Biologie

13. Kommission Pflanzenreich und Flora
14. Schorlemmer-Kommission
15. Kommission Atlas zur Verbreitung palaearktischer Vögel

c) der Klasse für Sprachen, Literatur und Kunst

16. Kommission „Anglistisches Unternehmen"
17. Deutsches Wörterbuch/Goethe-Wörterbuch

d) der Klasse für Philosophie, Geschichte, Staats-, Rechts- und Wirtschaftswissenschaften

18. Monumenta Germaniae Historica
19. Kommission für deutsche Erziehungs- und Schulgeschichte
20. Kommission für Landesgeschichte
21. Marx-Engels-Forschung
22. Kommission für Heimatforschung

III. Dem Präsidenten ist zugeordnet

23. Wissenschaftlicher Beirat „Die Frau in der sozialistischen Gesellschaft"

[1] Stand: Leibniztag 1966.

SEKTIONEN DES NATURWISSENSCHAFTLICHEN, TECHNISCHEN UND MEDIZINISCHEN FORSCHUNGSBEREICHES DER AKADEMIE [1]

Sektion für Astronomie
Sektion für Bergbau
Sektion für Biochemie
Sektion für Biologie
Sektion für Chemie
Sektion für Genetik
Sektion für Geographie
Sektion für praktische Geologie und angewandte Geophysik
Sektion für Hüttenwesen
Sektion für Kanzerogenese und Grundlagen der Krebstherapie
Sektion für Kybernetik
Sektion für Maschinenbau
Sektion für Mathematik
Sektion für Morphologie und experimentelle Pathologie
Sektion für Pharmakologie
Sektion für Physik
Sektion für Physiologie und Endokrinologie

INSTITUTE UND EINRICHTUNGEN DER FORSCHUNGSGEMEINSCHAFT DER NATURWISSENSCHAFTLICHEN, TECHNISCHEN UND MEDIZINISCHEN INSTITUTE DER DEUTSCHEN AKADEMIE DER WISSENSCHAFTEN ZU BERLIN [2]

Dem Fachbereich Physik Nord zugeordnet:

Astrophysikalisches Observatorium Potsdam
„Sternwarte Babelsberg“ — Institut für relativistische und extragalaktische Forschung
Sternwarte Sonneberg
Karl-Schwarzschild-Observatorium Tautenburg
Institut für reine Mathematik Berlin
Institut für angewandte Mathematik und Mechanik Berlin
Heinrich-Hertz-Institut für Schwingungsforschung Berlin
Institut für Optik und Spektroskopie Berlin

[1] Stand: Leibniztag 1966.
[2] Stand: Februar 1967.

Physikalisch-Technisches Institut Berlin
II. Physikalisch-Technisches Institut Berlin
III. Physikalisch-Technisches Institut Berlin
Institut für Magnetohydrodynamik Jena
Institut für Gasentladungsphysik Greifswald
Institut für Kristallphysik Berlin
Institut für spezielle Probleme der theoretischen Physik Berlin
Forschungsstelle für Physik hoher Energien Zeuthen b. Berlin
Akademie-Werkstätten für Forschungsbedarf Berlin
Institut für Geodynamik Jena
Geodätisches Institut Potsdam
Institut für physikalische Hydrographie Berlin-Friedrichshagen
Geomagnetisches Institut Potsdam
Institut für Meereskunde Warnemünde
Institut für Biophysik Berlin
Arbeitsstelle für statistische Physik Leipzig

Dem Fachbereich Physik Süd zugeordnet:

Zentralinstitut für Kernforschung Rossendorf b. Dresden
Institut für magnetische Werkstoffe Jena
Institut für Metallphysik und Reinstmetalle Dresden
Institut für Technologie der Fasern
Institut für Regelungs- und Steuerungstechnik Dresden
Institut für Tieftemperaturphysik Dresden
Forschungsinstitut für metallische Spezialwerkstoffe Dresden
Forschungsinstitut für Aufbereitung Freiberg
Institut für maschinelle Rechentechnik Dresden
Forschungsstelle für Meßtechnik und Automatisierung Jena
Arbeitsstelle für Elektronenmikroskopie Halle

Dem Fachbereich Chemie zugeordnet:

Institut für Faserstoff-Forschung Teltow b. Berlin
Institut für angewandte Radioaktivität Leipzig
Institut für Silikatforschung Berlin
Institut für anorganische Chemie Berlin
Institut für organische Chemie Berlin
Institut für anorganische Katalyseforschung Berlin
Institut für organische Katalyseforschung Rostock
Institut für Fettchemie Berlin
Institut für organische Hochpolymere Leipzig
Institut für physikalische Chemie Berlin
Institut für stabile Isotope Leipzig
Institut für Strukturforschung Berlin
Institut für Verfahrenstechnik der organischen Chemie Leipzig
Geotektonisches Institut Berlin
Forschungsstelle für Komplexchemie Jena
Arbeitsstelle für Paläobotanik Berlin
Wissenschaftliche Reaktion der Zentralbätter Berlin

Dem Fachbereich Medizin und Biologie zugeordnet:

Institut für Krebsforschung Berlin
Experimenteller Bereich
Klinischer Bereich — Robert-Rössle-Klinik

Institut für Zellphysiologie Berlin
Bereich Experimentelle Zytologie und Ultrastrukturforschung
Institut für Biochemie Berlin
Institut für kortiko-viszerale Pathologie und Therapie Berlin
Institut für Pharmakologie Berlin
Institut für angewandte Isotopenforschung Berlin
Institut für Ernährung Potsdam-Rehbrücke
Institut für vergleichende Pathologie Berlin-Friedrichsfelde
Institut für Kreislaufforschung Berlin
Institut für Kulturpflanzenforschung Gatersleben
Institut für Biochemie der Pflanzen Halle
Institut für Mikrobiologie und experimentelle Therapie Jena
Arbeitsstelle für Infektionskrankheiten im Kindesalter Berlin
Forschungsstelle für experimentelle Chirurgie des Herzens und des Gefäßsystems Berlin
Forschungsstelle für Limnologie Jena
Zoologische Forschungsstelle im Berliner Tierpark

SEKTIONEN DES GESELLSCHAFTSWISSENSCHAFTLICHEN FORSCHUNGSBEREICHES DER AKADEMIE

Sektion für Altertumswissenschaft
Sektion für Sinologie
Sektion für Völkerkunde und deutsche Volkskunde
Sektion für Geschichte
Sektion für Philosophie
Sektion für Staats- und Rechtswissenschaften
Sektion für Vor- und Frühgeschichte
Sektion für Wirtschaftswissenschaften

INSTITUTE UND EINRICHTUNGEN DER ARBEITSGEMEINSCHAFT DER GESELLSCHAFTSWISSENSCHAFTLICHEN INSTITUTE UND EINRICHTUNGEN DER DEUTSCHEN AKADEMIE DER WISSENSCHAFTEN ZU BERLIN

Institut für Wirtschaftswissenschaften Berlin
Institut für Geschichte Berlin
Institut für Wirtschaftsgeschichte Berlin
Institut für Ur- und Frühgeschichte Berlin
Institut für Philosophie Berlin
Institut für deutsche Sprache und Literatur Berlin
Institut für Slawistik Berlin
Institut für romanische Sprachen und Kultur Berlin
Institut für Orientforschung Berlin
Institut für griechisch-römische Altertumskunde Berlin
Institut für deutsche Volkskunde Berlin
Institut für sorbische Volksforschung Bautzen
Arbeitsstelle für Kunstgeschichte Berlin
Arbeitsstelle der Komission für deutsche Erziehungs- und Schulgeschichte Berlin
Arbeitsstelle für Staats- und Rechtsfragen der sozialistischen Länder Berlin
Arbeitsstelle Strukturelle Grammatik Berlin
Arbeitsstelle für mathematische und angewandte Lingustik und automatische Übersetzung
Arbeitsstelle der Kommission für Heimatforschung Berlin

SCHRIFTENREIHEN DES AKADEMIE-VERLAGES

Abhandlungen der Deutschen Akademie der Wissenschaften zu Berlin

1945—1949 mathematisch-naturwissenschaftliche Klasse
philosophisch-historische Klasse
1950—1954 Klasse für Mathematik und allgemeine Naturwissenschaften
Klasse für medizinische Wissenschaften
Klasse für technische Wissenschaften
Klasse für Sprachen, Literatur und Kunst
Klasse für Gesellschaftswissenschaften
ab 1955 Klasse für Mathematik, Physik und Technik
Klasse für Chemie, Geologie und Biologie
Klasse für Medizin
Klasse für Sprachen, Literatur und Kunst
Klasse für Philosophie, Geschichte, Staats-, Rechts- und Wirtschaftswissenschaften
ab 1958 dazu: Klasse für Bergbau, Hüttenwesen und Montangeologie

Abhandlungen der Sächsischen Akademie der Wissenschaften zu Leipzig
mathematisch-naturwissenschaftliche Klasse
philologisch-historische Klasse
Abhandlungen des Geologischen Dienstes (die Reihe wird fortgesetzt in den Beiheften zur Zeitschrift „Geologie")
Abhandlungen des Geomagnetischen Instituts und Observatoriums Potsdam-Niemegk (ab Heft 20/1958 Abhandlungen des Geomagnetischen Instituts Potsdam)
Abhandlungen des Meteorologischen Dienstes der Deutschen Demokratischen Republik
Abhandlungen und Berichte des Staatlichen Museums für Völkerkunde Dresden
Abhandlungen zur Geotektonik des Geotektonischen Instituts der Deutschen Akademie der Wissenschaften zu Berlin (die Reihe wird fortgesetzt in den Abhandlungen der Deutschen Akademie der Wissenschaften zu Berlin)
Abhandlungen zur Larvalsystematik der Insekten
Acta Hydrophysica
Archiv für Lagerstättenforschung (wird fortgesetzt in den Beiheften zur Zeitschrift „Geologie")
Astronomische Abhandlungen

Bausteine zur Sprachgeschichte des Neuhochdeutschen
Beiträge zur Geologie
Beiträge zur Geschichte der Landwirtschaftswissenschaften
Beiträge zur Geschichte des religiösen und wissenschaftlichen Denkens
Beiträge zur Meereskunde
Beiträge zur Thünenforschung
Berichte über die Verhandlungen der Sächsischen Akademie der Wissenschaften zu Leipzig,
mathematisch-naturwissenschaftliche Klasse
philologisch-historische Klasse
(die Reihe wird fortgesetzt als Sitzungsberichte der Sächsischen Akademie der Wissenschaften zu Leipzig, mathematisch-naturwissenschaftliche Klasse ab Band 105, philologisch-historische Klasse ab Band 107)

Berliner Astronomisches Jahrbuch
Berliner Byzantinistische Arbeiten
Berliner Geographische Arbeiten
Besondere Mitteilungen zum Deutschen Gewässerkundlichen Jahrbuch
Bestimmungsbücher zur Bodenfauna Europas

Corpus der romanischen Kunst Mitteldeutschlands, Reihe A: Architektur
Corpus medicorum Graecorum
Corpus medicorum Latinorum

Deutsches Gewässerkundliches Jahrbuch für das Gebiet der Deutschen Demokratischen Republik
Deutsches Meteorologisches Jahrbuch
Deutsche Historiker-Gesellschaft
Deutsche Texte des Mittelalters
Deutsch-slawische Forschungen zur Namenkunde und Siedlungsgeschichte

Elektronisches Rechnen und Regeln
Erdmagnetisches Jahrbuch (ab Heft 9/1957 Jahrbücher des Adolf-Schmidt-Observatoriums für Erdmagnetismus in Niemegk, mit wissenschaftlichen Mitteilungen)
Ernährungsforschung

Finnisch-ugrische Studien
Forschungen zur mittelalterlichen Geschichte
Fortschritte der sowjetischen Geologie
Fortschrittsberichte zur Gas-Chromatographie
Fortschritte der Wasserchemie und ihrer Grenzgebiete

Geologica
Geschichte und Literatur des Lichtwechsels von veränderlichen Sternen
Die Griechischen Christlichen Schriftsteller der ersten Jahrhunderte
Große Sowjetenzyklopädie

Hämatologie und Bluttransfusionswesen
Hydrologische Bibliographie

Ionenaustauscher in Einzeldarstellungen
Iranische Texte und Hilfsbücher

Jahrbuch der Deutschen Akademie der Wissenschaften zu Berlin
Jahrbuch der Sächsischen Akademie der Wissenschaften zu Leipzig
Jahrbuch des Adolf-Schmidt-Observatoriums für Erdmagnetismus in Niemegk, mit wissenschaftlichen Mitteilungen
Jahrbuch des Instituts für Wirtschaftswissenschaften
Jahrbuch des Museums für Völkerkunde
Jahrbuch „Forschungen und Berichte der Staatlichen Museen zu Berlin"
Jahrbuch für Erziehungs- und Schulgeschichte
Jahrbuch für Wirtschaftsgeschichte
Jahresberichte für deutsche Geschichte
Jahresbericht über die Erscheinungen auf dem Gebiete der germanischen Philologie und
Jahresbericht über die wissenschaftlichen Erscheinungen auf dem Gebiete der neueren deutschen Literatur
zusammengelegt in: Jahresberichte für deutsche Sprache und Literatur

Keilschrifturkunden aus Boghazköi
Die Kulturpflanze

Lebendiges Altertum
Limnologica

Mathematische Lehrbücher und Monographien
Mitteilungen aus den Laboratorien des Geologischen Dienstes Berlin (die Reihe wird fortgesetzt in den Beiheften zur Zeitschrift „Geologie“)
Mitteilungen des deutschen Erdbebendienstes
Mitteilungsblatt zu volkswirtschaftlichen Fragen

Ökonomische Studientexte
Ostasiatische Forschungen

Paläontologische Abhandlungen
Das Pflanzenreich
Philosophische Studientexte
Publikationen des Astrophysikalischen Observatoriums Potsdam

Quellen und Studien zur Geschichte Osteuropas
Quellen und Texte zur Geschichte der Philosophie

Schriften der Deutschen Sektion der Kommission der Historiker der DDR und der UdSSR
Schriften der Sektion für Altertumswissenschaft bei der Deutschen Akademie der Wissenschaften zu Berlin
Schriften der Sektion für Vor- und Frühgeschichte bei der Deutschen Akademie der Wissenschaften zu Berlin
Schriften des Instituts für Geschichte an der Deutschen Akademie der Wissenschaften zu Berlin

Reihe I: Allgemeine und deutsche Geschichte
Reihe II: Landesgeschichte
Reihe III: Vorträge und Tagungen

Schriften des Instituts für romanische Sprachen und Kultur
Schriften des Instituts für Wirtschaftswissenschaften bei der Deutschen Akademie der Wissenschaften zu Berlin
Schriften und Quellen der Alten Welt
Schriften zur Kunstgeschichte
Schriften zur Phonetik, Sprachwissenschaft und Kommunikationsforschung
Schriftenreihe der Arbeitsgruppe zur Geschichte der deutschen und französischen Aufklärung (die Reihe erscheint ab Band 18 in den Schriften des Instituts für romanische Sprachen und Kultur)
Schriftenreihe der Chemischen Gesellschaft
Schriftenreihe der Institute für Mathematik bei der Deutschen Akademie der Wissenschaften zu Berlin
Schriftenreihe des praktischen Geologen
Scientia Astronimica
Scientia Chimica
Scientia Photographica
Seismometrische Beobachtungen in Potsdam
Sitzungsberichte der Deutschen Akademie der Wissenschaften zu Berlin,

1945—1949 mathematisch-naturwissenschaftliche Klasse
philosophisch-historische Klasse
1950—1954 Klasse für Mathematik und allgemeine Naturwissenschaften
Klasse für medizinische Wissenschaften
Klasse für landwirtschaftliche Wissenschaften
Klasse für technische Wissenschaften
Klasse für Sprachen, Literatur und Kunst
Klasse für Gesellschaftswissenschaften

ab 1959 Klasse für Mathematik, Physik und Technik
Klasse für Chemie, Geologie und Biologie
Klasse für Bergbau, Hüttenwesen und Montangeologie
Klasse für Medizin
Klasse für Sprachen, Literatur und Kunst
Klasse für Philosophie, Geschichte, Staats-, Rechts- und Wirtschaftswissenschaften

Sitzungsberichte der Sächsischen Akademie der Wissenschaften zu Leipzig
Studia Grammatica
Studien zur Architektur- und Kunstwissenschaft
Studien zur Geschichte Asiens, Afrikas und Lateinamerikas
Studienausgaben zur neueren deutschen Literatur

Tagungsberichte der Chemischen Gesellschaft
Tagungsberichte der Physikalischen Gesellschaft
Textausgaben zur frühen sozialistischen Literatur in Deutschland
Texte und Untersuchungen zur Geschichte der altchristlichen Literatur

Über wissenschaftliche Grundlagen der modernen Technik
Union Académique Internationale
Untersuchungen zur Geschichte und Altertumskunde Ägyptens
Urkunden des ägyptischen Altertums

Veröffentlichungen auf dem Gebiete der Faserstoff-Forschung und Textiltechnik
Veröffentlichungen der Arbeitsgruppe für hellenistisch-römische Philosophie im Institut für griechisch-römische Altertumskunde der Deutschen Akademie der Wissenschaften zu Berlin
Veröffentlichungen der Forschungsanstalt für Schiffahrt, Wasser- und Grundbau
Veröffentlichungen der Sprachwissenschaftlichen Kommission der Deutschen Akademie der Wissenschaften zu Berlin
Veröffentlichungen der Sternwarte Babelsberg der Deutschen Akademie der Wissenschaften zu Berlin
Veröffentlichungen der Sternwarte Sonneberg der Deutschen Akademie der Wissenschaften zu Berlin
Veröffentlichungen des Astronomischen Recheninstituts
Veröffentlichungen des Geodätischen Instituts der Deutschen Akademie der Wissenschaften zu Berlin, Potsdam
Veröffentlichungen des Geophysikalischen Instituts der Karl-Marx-Universität Leipzig
Veröffentlichungen des Instituts für Geodynamik in Jena der Deutschen Akademie der Wissenschaften zu Berlin
Veröffentlichungen des Instituts für deutsche Sprache und Literatur der Deutschen Akademie der Wissenschaften zu Berlin
Veröffentlichungen des Instituts für deutsche Volkskunde der Deutschen Akademie der Wissenschaften zu Berlin
Veröffentlichungen des Instituts für Orientforschung der Deutschen Akademie der Wissenschaften zu Berlin
Veröffentlichungen des Instituts für Slawistik der Deutschen Akademie der Wissenschaften zu Berlin
Veröffentlichungen des Instituts für Wirtschaftsgeschichte an der Hochschule für Ökonomie Berlin-Karlshorst
Veröffentlichungen des Meteorologischen und Hydrologischen Dienstes der Deutschen Demokratischen Republik
Veröffentlichungen des Museums für Völkerkunde zu Leipzig
Veröffentlichungen des Physikalisch-Technischen Instituts der Deutschen Akademie der Wissenschaften zu Berlin, Bereich Strahlungsquellen

Völkerkundliche Forschungen der Sektion für Völkerkunde und deutsche Volkskunde bei der Deutschen Akademie der Wissenschaften zu Berlin
Vorträge und Schriften der Deutschen Akademie der Wissenschaften zu Berlin
Werte der deutschen Heimat — Veröffentlichungen der Kommission für Heimatforschung der Deutschen Akademie der Wissenschaften zu Berlin
Wissenschaftliche Abhandlungen der Deutschen Akademie der Landwirtschaftswissenschaften zu Berlin
Wissenschaftliche Taschenbücher

FORTSETZUNGSWERKE DES AKADEMIE-VERLAGES

Althochdeutsches Wörterbuch
Aristoteles Sämtliche Werke
Atlas der Diatomaceenkunde
Atlas der Verbreitung palaearktischer Vögel
Codex juris gentium diplomaticus
Corpus vasorum antiquorum
Deutsches Wörterbuch (weitere Lieferungen erschienen beim S. Hirzel-Verlag, Leipzig)
Ein Jahrhundert deutscher Literaturkritik
Die Deutschen Inschriften
Die Entstehung von Goethes Werken in Dokumenten
Georg Forsters Werke
Geschichte des Fixsternhimmels
Goethes Werke
Götz-Wörterbuch
Werther-Wörterbuch
Grundriß der Medizin der alten Ägypter
Grundriß zur Geschichte der deutschen Dichtung
Handbuch der Oologie
Hilprecht-Sammlung
Humboldt-Ausgabe
Index der Sternörter
Immanuel Kant
Keilschrifttexte aus Assur
Klimatologische Normalwerte für das Gebiet der Deutschen Demokratischen Republik
Gottfried Wilhelm Leibniz, Sämtliche Schriften und Briefe
Otto Ludwigs Werke
Mecklenburgisches Wörterbuch
Mittellateinisches Wörterbuch
Paläontologische Abhandlungen
Die Palästina-Literatur
Jean Pauls Werke
Poggendorffs biographisch-literarisches Handwörterbuch der exakten Naturwissenschaften
Polybios-Lexikon
Quellensammlung zur Hydrographie und Meteorologie
Trachtenleben in Deutschland
Wieland Gesammelte Schriften
Wielands Briefwechsel
Wörterbuch der ägyptischen Sprache
Wörterbuch der deutschen Gegenwartssprache
Wörterbuch der deutschen Tiernamen

ZEITSCHRIFTEN DES AKADEMIE-VERLAGES

Acta biologica et medica germanica
Albrecht-Thaer-Archiv
Das Altertum
Archiv für Forstwesen
Archiv für Gartenbau
Archiv für Geflügelzucht und Kleintierkunde
Archiv für Landtechnik
Archiv für Naturschutz und Landschaftsforschung
Archiv für Pflanzenschutz
Archiv für Tierernährung
Archiv für Tierzucht
Astronomische Nachrichten
Ausgrabungen und Funde
Beiträge aus der Plasmaphysik
Beiträge zur Entomologie
Berichte der Deutschen Gesellschaft für geologische Wissenschaften
Bibliographia geodaetica

Bibliotheca classica orientalis
Biometrische Zeitschrift
Chemisches Zentralblatt
Demos — Internationale ethnographische und folkloristische Informationen
Deutsche Entomologische Zeitschrift
Deutsche Literaturzeitung
Deutsches Jahrbuch für Volkskunde
Elektronische Informationsverarbeitung und Kybernetik
Faserforschung und Textiltechnik
Feddes Repertorium — Zeitschrift für botanische Taxonomie und Geobotanik
Forschungen und Fortschritte
Fortschritte der Physik
Geologie
Internationale Revue der gesamten Hydrobiologie
Isotopenpraxis
Jahrbuch für Wirtschaftsgeschichte
Journal für Hirnforschung
Kernenergie
Klio — Beiträge zur alten Geschichte
Konjunktur und Krise
Kristall und Technik
Kühn-Archiv
Landwirtschaftliches Zentralblatt
Abteilung I: Landtechnik
Abteilung II: Pflanzliche Produktion
Abteilung III: Tierzucht, Tierernährung, Fischerei
Abteilung IV: Veterinärmedizin
Mathematische Nachrichten
Mitteilungen aus dem Zoologischen Museum
Mitteilungen des Instituts für Orientforschung
Monatsberichte der Deutschen Akademie der Wissenschaften zu Berlin
Die Nahrung
Orientalistische Literaturzeitung
Pädiatrie und Grenzgebiete
Philologus — Zeitschrift für das klassische Altertum
physica status solidi
Physikalische Berichte
Probleme der politischen Ökonomie
Sowjetische Beiträge zur Faserforschung und Textiltechnik
Stal in Deutsch
Technisches Zentralblatt
Abteilung Elektrotechnik
Abteilung Maschinenwesen
Zeitschrift für Ägyptische Sprache und Altertumskunde
Zeitschrift für Allgemeine Mikrobiologie
Zeitschrift für angewandte Geologie
Zeitschrift für angewandte Mathematik und Mechanik
Zeitschrift für Landeskultur
Zeitschrift für Meteorologie
Zeitschrift für Phonetik, Sprachwisssenschaft und Kommunikationsforschung
Zeitschrift für Slawistik

Das Titelbild und die Abbildungen 1—23, 29, 31, 37 und 38 wurden vom Akademie-Archiv, die Abbildungen 24—28, 30, 32—36 und 39—41 [Foto HEINZ SCHADEWALD, Berlin] von der Abteilung Presse und Berichtswesen der Akademie zur Verfügung gestellt.

Berichtigung

	an Stelle von:	muß es heißen:
Seite 71, 4. Zeile von unten	Persönlichkiten	Persönlichkeiten
Seite 93, 11. Zeile von unten	Die bisherigen Inhaber dieser hohen Auszeichnung sind das Korrespondierende Mitglied der Akademie AUGUSTE CORNU (1956), die Ordentlichen Mitglieder der Akademie WERNER KRAUSS (1959), Dr. HERWIG FÖRDER (1962) und Prof. Dr. HEINRICH SCHEEL (1966).	Die bisherigen Inhaber dieser hohen Auszeichnung sind: Das Korrespondierende Mitglied der Akademie AUGUSTE CORNU (1956), das Ordentliche Mitglied der Akademie WERNER KRAUSS (1959) und die Herren Dr. HERWIG FÖRDER (1962) und Prof. Dr. HEINRICH SCHEEL (1966).
Seite 99, 2. Zeile von oben	Bestandteil der internationalen Beziehungen ist auch der Schriftenaustausch der Akademie, der über die Hauptbibliothek der Akademie erfolgt,	Bestandteil der internationalen Beziehungen ist auch der Schriftenaustausch der Akademie, der über die Hauptbibliothek der Akademie erfolgt.

Hartkopf/Dunken 5644

www.ingramcontent.com/pod-product-compliance
Lightning Source LLC
LaVergne TN
LVHW081340011026
849161LV00013BB/2962